高职高专"十三五"规划教材

Gao Deng Shu Xue

高等数学

（上册）·B层次

高 华 主编

赵伟良 潘春平 副主编

龚和林 主 审

U0276929

ZHEJIANG UNIVERSITY PRESS
浙江大学出版社

图书在版编目(CIP)数据

高等数学. 上册,B 层次 / 高华主编. —杭州:浙江大学出版社,2016.9

ISBN 978-7-308-16213-5

Ⅰ.①高… Ⅱ.①高… Ⅲ.①高等数学—高等学校—教材 Ⅳ.①013

中国版本图书馆 CIP 数据核字(2016)第 214736 号

高等数学(上册)·B 层次

高　华　主编

责任编辑	徐　霞	
责任校对	王　波	
封面设计	春天书装	
出版发行	浙江大学出版社	
	(杭州市天目山路 148 号　邮政编码 310007)	
	(网址:http://www.zjupress.com)	
排　版	杭州林智广告有限公司	
印　刷	富阳市育才印刷有限公司	
开　本	787mm×1092mm　1/16	
印　张	8.25	
字　数	181 千	
版 印 次	2016 年 9 月第 1 版　2016 年 9 月第 1 次印刷	
书　号	ISBN 978-7-308-16213-5	
定　价	20.00 元	

内容提要

　　高等数学是高职院校理工类各专业的公共基础课,不仅有利于学生思维方法和良好习惯的培养,同时对后续专业课程的学习以及学生综合素质的提高有着重要的意义.本教材的编写依照高职院校高等数学的教学目标和社会对高职学生的职业能力的基本要求,结合编者多年的高职院校一线教学经验,着重夯实基础,强调自主学习、发现问题、解决问题、探索创新等职业核心能力的培养.

　　本教材主要内容包括预备知识、函数与极限、一元函数微分学、一元函数积分学等六部分,其基本格式为知识概要、学习目标及重难点、基本知识、例题选讲、同步练习及综合自测题,后附有习题参考答案.

　　本教材在编写过程中力求针对性强、结构严谨、目标明确、题量充分,利于教师日常课堂教学,也便于学生的自主学习和训练,可供高职高专等学生使用.

前　言

　　本教材是依照教育部《高职高专教育专业人才培养目标及规格》与《高职高专教育高等数学课程教学基本要求》，结合高职高专教学改革的经验及高职数学课程分类分层教学改革的实践进行编写的。

　　本教材以知识内容"必需、够用"为原则，以培养学生"可持续发展"为目的。综合吸收大量优质教材的特点，力求通俗、简洁与高效，力求符合高职相应层次学生的数学基础及学习心理，便于学生对高等数学的学习、理解及应用。选题重基础，注意覆盖面。强化基本理论、方法和技能的训练，以此夯实基础，对提高运用数学知识及思维方法的能力起到一定的促进作用。

　　本教材由浙江工业职业技术学院高华任主编，赵伟良、潘春平任副主编，龚和林任主审。其中第0章和第1章由高华编写，第2章和第3章由赵伟良编写，第4章和第5章由潘春平编写，本教材的统稿与校对工作由高华负责。本书在编写过程中，得到浙江大学出版社有关老师的指导和大力支持，在此表示感谢。

　　本教材难免有所疏漏，敬请广大专家、教师和读者谅解并提出宝贵意见，以便我们不断予以完善。

编　者

2016 年 6 月

目　　录

第 0 章　若干预备知识 ……………………………………………………………… 1

第 1 章　函数·极限·连续 ………………………………………………………… 8

　§1-1　函数 ……………………………………………………………………… 8

　§1-2　极限 ……………………………………………………………………… 16

　§1-3　极限的运算 ……………………………………………………………… 21

　§1-4　无穷小量与无穷大量 …………………………………………………… 26

　*§1-5　函数的连续性 …………………………………………………………… 30

第 2 章　导数与微分 ……………………………………………………………… 36

　§2-1　导数的概念 ……………………………………………………………… 36

　§2-2　导数的运算法则及基本公式 …………………………………………… 40

　§2-3　复合函数的求导法则与高阶导数 ……………………………………… 43

　*§2-4　隐函数及参数方程确定的函数的求导法则 …………………………… 45

　§2-5　函数的微分及其应用 …………………………………………………… 49

第 3 章　导数的应用 ……………………………………………………………… 56

　§3-1　洛必达法则 ……………………………………………………………… 56

　§3-2　函数的单调性 …………………………………………………………… 59

　§3-3　函数的极值与最值 ……………………………………………………… 63

　*§3-4　函数的凹凸性与拐点 …………………………………………………… 66

第 4 章　不定积分 ………………………………………………………………… 72

　§4-1　不定积分的概念与性质及基本公式 …………………………………… 72

　§4-2　不定积分的第一类换元积分法 ………………………………………… 77

§4-3　不定积分的第二类换元积分法 ……………………………………… 80

§4-4　不定积分的分部积分法 …………………………………………… 84

第 5 章　定积分及其应用 ………………………………………………… 90

§5-1　定积分概念与性质 ………………………………………………… 90

§5-2　微积分基本公式 …………………………………………………… 95

§5-3　定积分的换元积分法与分部积分法 ……………………………… 98

*§5-4　定积分的微元法及其运用 ………………………………………… 101

综合自测题（一） ………………………………………………………… 110

综合自测题（二） ………………………………………………………… 112

习题参考答案 ……………………………………………………………… 114

参考文献 …………………………………………………………………… 121

第0章　若干预备知识

一、集合

具有特定性质的具体或抽象的事物全体称为集合（简称集），一般用大写英文字母 A，B，C，$\cdots$ 表示，如自然数集合 $\mathbf{N} = \{0,1,2,\cdots,n,\cdots\}$. 组成集合的事物称为集合的元素. α 是集合 A 的元素表示为 $\alpha \in A$.

集合的表示方法有：列举法（将集合的元素逐一列举出来的方式）、描述法（即{代表元素 | 满足的性质}）、韦恩图（即图像法，用一条封闭的曲线内部表示一个集合的方法）等.

集合的三要素：

(1) 确定性：集合中的元素是确定的，要么在集合中要么不在，二者必居其一；

(2) 互异性：集合中不允许出现相同的元素，如 $\{a,a,b,b,c,c\}$ 是错误的写法，应该写成 $\{a,b,c\}$；

(3) 无序性：集合中元素的排列不考虑顺序问题，如 $\{a,b,c\}$ 与 $\{a,c,b\}$ 表示同一个集合.

集合 A 中不同元素的数目称为集合 A 的基数，记作 $|A|$. 当其为有限大时，集合 A 称为有限集，反之则为无限集.

特殊集合符号：

$\mathbf{N}$：由自然数构成的集合 $\{0,1,2,\cdots,n,\cdots\}$，称为自然数集.

$\mathbf{R}$：由实数数构成的集合，称为实数集.

$\mathbf{Z}$：由整数构成的集合，称为整数集.

$\mathbf{C}$：由复数构成的集合，称为复数集.

$\mathbf{Q}$：由有理数构成的集合，称为有理数集，即 $\mathbf{Q} = \left\{ \dfrac{p}{q} \mid p \in \mathbf{Z}, q \in \mathbf{N}^+, \text{且 } p \text{ 与 } q \text{ 互质} \right\}$.

$\varnothing$：空集.

说明：

可在集合记号上标注上标"+（—）"符号表示集合与正（负）实数集的交集，如 $\mathbf{N}^+$：正整数集.

二、区间与邻域

有限区间：设 $a < b$，称数集 $\{x \mid a < x < b\}$ 为开区间，记为 (a,b)，即

$$(a,b) = \{x \mid a < x < b\}.$$

类似可定义闭区间 $[a,b] = \{x \mid a \leqslant x \leqslant b\}$，半开半闭区间 $[a,b) = \{x \mid a \leqslant x < b\}$、$(a,b] = \{x \mid a < x \leqslant b\}$，其中 a 和 b 称为区间 (a,b)、$[a,b]$、$[a,b)$、$(a,b]$ 的端点，$b-a$ 称为区间的长度.有限区间可在数轴上表示(见图 0-1).

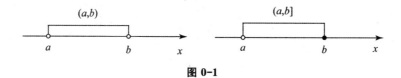

图 0-1

无限区间：$[a, +\infty) = \{x \mid a \leqslant x\}$，$(-\infty, b] = \{x \mid x < b\}$，$(-\infty, +\infty) = \{x \mid |x| < +\infty\}$.

无穷区间也可在数轴上表示(见图 0-2).

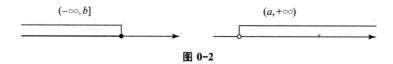

图 0-2

邻域：以点 a 为中心的任何开区间称为点 a 的邻域，记作 $U(a)$.设 $\delta > 0$，称开区间 $(a-\delta, a+\delta)$ 为点 a 的 δ 邻域(见图 0-3)，记作 $U(a,\delta)$，即

$$U(a,\delta) = \{x \mid a-\delta < x < a+\delta\} = \{x \mid |x-a| < \delta\}.$$

其中，点 a 称为邻域的中心，δ 称为邻域的半径.

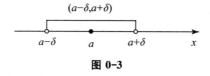

图 0-3

去心(空心)邻域：点 a 的 δ 的去心邻域 $\overset{\circ}{U}(a,\delta)$ 定义为

$$\overset{\circ}{U}(a,\delta) = \{x \mid a-\delta < x < a+\delta, x \neq a\} = \{x \mid 0 < |x-a| < \delta\}.$$

三、数域

定义 0-1(数域)　设 K 是某些复数所组成的集合.如果 K 中至少包含两个不同的复数，且 K 对复数的加、减、乘、除四则运算是封闭的，即对 K 内任意两个数 a,b(a 可以等于 b)，必有 $a \pm b \in K$，$ab \in K$，且当 $b \neq 0$ 时，$a/b \in K$，则称 K 为一个数域.

【例 0-1】　典型的数域举例：复数域 **C**；实数域 **R**；有理数域 **Q**；Gauss 数域：

$$Q(i) = \{a+bi \mid a,b \in \mathbf{Q}\}，\text{其中 } i = \sqrt{-1}.$$

【例 0-2】　任意数域 K 都包括有理数域 **Q**.

证明　设 K 为任意一个数域.由定义可知，存在一个元素 $a \in K$，且 $a \neq 0$.于是

$$0 = a - a \in K, \quad 1 = \frac{a}{a} \in K.$$

进而存在 $m \in \mathbf{Z}^+$,

$$m = 1 + 1 + \cdots + 1 \in K.$$

最后,存在 $m, n \in \mathbf{Z}^+, \frac{m}{n} \in K, -\frac{m}{n} = 0 - \frac{m}{n} \in K$. 这就证明了 $\mathbf{Q} \subseteq K$.

四、集合的运算与映射

定义 0-2(集合的交、并、差) 设 S 是集合, A 与 B 的公共元素所组成的集合称为 A 与 B 的交集,记作 $A \bigcap B$; 把 A 和 B 中的元素合并在一起组成的集合称为 A 与 B 的并集,记作 $A \bigcup B$; 从集合 A 中去掉属于 B 的那些元素之后剩下的元素组成的集合称为 A 与 B 的差集,记作 A/B.

定义 0-3(集合的映射) 设 A、B 为集合. 如果存在法则 f, 使得 A 中任意元素 a 在法则 f 下对应 B 中唯一确定的元素(记作 $f(a)$), 则称 f 是 A 到 B 的一个映射,记为

$$f: A \to B, a \mapsto f(a).$$

如果 $f(a) = b \in B$, 则 b 称为 a 在 f 下的像, a 称为 b 在 f 下的原像. A 的所有元素在 f 下的像构成的 B 的子集称为 A 在 f 下的像,记作 $f(A)$, 即 $f(A) = \{f(a) \mid a \in A\}$.

若存在 $a \neq a' \in A$, 都有 $f(a) \neq f(a')$, 则称 f 为单射. 若存在 $b \in B$, 都有 $a \in A$, 使得 $f(a) = b$, 则称 f 为满射. 如果 f 既是单射又是满射, 则称 f 为双射(或称一一对应).

五、求和号与求积号

为了把加法和乘法表达得更简练,我们引进求和号和乘积号.

求和号与乘积号的定义:设给定某个数域 K 上 n 个数 $a_1, a_2, \cdots, a_n$, 我们使用如下记号:

$$a_1 + a_2 + \cdots + a_n = \sum_{i=1}^{n} a_i,$$

$$a_1 a_2 \cdots a_n = \prod_{i=1}^{n} a_i.$$

当然也可以写成

$$a_1 + a_2 + \cdots + a_n = \sum_{1 \leqslant i \leqslant n} a_i,$$

$$a_1 a_2 \cdots a_n = \prod_{1 \leqslant i \leqslant n} a_i.$$

求和号的性质:容易证明,

$$\lambda \sum_{i=1}^{n} a_i = \sum_{i=1}^{n} \lambda a_i,$$

$$\sum_{i=1}^{n}(a_i + b_i) = \sum_{i=1}^{n}a_i + \sum_{i=1}^{n}b_i,$$

$$\sum_{i=1}^{n}\sum_{j=1}^{m}a_{ij} = \sum_{j=1}^{m}\sum_{i=1}^{n}a_{ij}.$$

事实上，最后一条性质的证明只需要把各个元素排成如下形状：

$$
\begin{matrix}
a_{11} & a_{12} & \cdots & a_{1m} \\
a_{21} & a_{22} & \cdots & a_{2m} \\
\vdots & \vdots & \ddots & \vdots \\
a_{n1} & a_{n2} & \cdots & a_{mn}
\end{matrix}
$$

分别先按行和列求和，再求总和即可.

六、特殊角的三角函数值

特殊角的三角函数值如表 0-1 所示。

表 0-1

度	0°	30°	45°	60°	90°	120°	150°	180°	270°	360°
弧度	0	$\dfrac{\pi}{6}$	$\dfrac{\pi}{4}$	$\dfrac{\pi}{3}$	$\dfrac{\pi}{2}$	$\dfrac{2\pi}{3}$	$\dfrac{5\pi}{6}$	π	$\dfrac{3\pi}{2}$	2π
正弦	0	$\dfrac{1}{2}$	$\dfrac{\sqrt{2}}{2}$	$\dfrac{\sqrt{3}}{2}$	1	$\dfrac{\sqrt{3}}{2}$	$\dfrac{1}{2}$	0	-1	0
余弦	1	$\dfrac{\sqrt{3}}{2}$	$\dfrac{\sqrt{2}}{2}$	$\dfrac{1}{2}$	0	$-\dfrac{1}{2}$	$-\dfrac{\sqrt{3}}{2}$	-1	0	1
正切	0	$\dfrac{\sqrt{3}}{3}$	1	$\sqrt{3}$	—	$-\sqrt{3}$	$-\dfrac{\sqrt{3}}{3}$	0	—	0
余切	—	$\sqrt{3}$	1	$\dfrac{\sqrt{3}}{3}$	0	$-\dfrac{\sqrt{3}}{3}$	$-\sqrt{3}$	—	0	—

注意：$1° = \dfrac{\pi}{180}$ 弧度，"—"表示"不存在".

七、三角函数一些关系式

1. 同角三角函数的基本关系

倒数关系：$\cos\alpha \cdot \sec\alpha = 1$，$\sin\alpha \cdot \csc\alpha = 1$，$\tan\alpha \cdot \cot\alpha = 1$.

商的关系：$\tan\alpha = \dfrac{\sin\alpha}{\cos\alpha} = \dfrac{\sec\alpha}{\csc\alpha}$，$\cot\alpha = \dfrac{\cos\alpha}{\sin\alpha} = \dfrac{\csc\alpha}{\sec\alpha}$.

平方关系：$\sin^2\alpha + \cos^2\alpha = 1$，$1 + \tan^2\alpha = \sec^2\alpha$，$1 + \cot^2\alpha = \csc^2\alpha$.

2．三角函数诱导公式

三角函数诱导公式如表 0-2 所示。

表 0-2

$\sin(-\alpha) = -\sin\alpha$	$\cos(-\alpha) = \cos\alpha$	$\tan(-\alpha) = -\tan\alpha$	$\cot(-\alpha) = -\cot\alpha$
$\sin(\pi/2 - \alpha) = \cos\alpha$	$\sin(\pi - \alpha) = \sin\alpha$	$\sin(3\pi/2 - \alpha) = -\cos\alpha$	$\sin(2\pi - \alpha) = -\sin\alpha$
$\cos(\pi/2 - \alpha) = \sin\alpha$	$\cos(\pi - \alpha) = -\cos\alpha$	$\cos(3\pi/2 - \alpha) = --\sin\alpha$	$\cos(2\pi - \alpha) = \cos\alpha$
$\tan(\pi/2 - \alpha) = \cot\alpha$	$\tan(\pi - \alpha) = -\tan\alpha$	$\tan(3\pi/2 - \alpha) = \cot\alpha$	$\tan(2\pi - \alpha) = -\tan\alpha$
$\cot(\pi/2 - \alpha) = \tan\alpha$	$\cot(\pi - \alpha) = -\cot\alpha$	$\cot(3\pi/2 - \alpha) = \tan\alpha$	$\cot(2\pi - \alpha) = -\cot\alpha$
$\sin(\pi/2 + \alpha) = \cos\alpha$	$\sin(\pi + \alpha) = -\sin\alpha$	$\sin(3\pi/2 + \alpha) = -\cos\alpha$	$\sin(2\pi + \alpha) = \sin\alpha$
$\cos(\pi/2 + \alpha) = -\sin\alpha$	$\cos(\pi + \alpha) = -\cos\alpha$	$\cos(3\pi/2 + \alpha) = \sin\alpha$	$\cos(2\pi + \alpha) = \cos\alpha$
$\tan(\pi/2 + \alpha) = -\cot\alpha$	$\tan(\pi + \alpha) = \tan\alpha$	$\tan(3\pi/2 + \alpha) = -\cot\alpha$	$\tan(2\pi + \alpha) = \tan\alpha$
$\cot(\pi/2 + \alpha) = -\tan\alpha$	$\cot(\pi + \alpha) = \cot\alpha$	$\cot(3\pi/2 + \alpha) = -\tan\alpha$	$\cot(2\pi + \alpha) = \cot\alpha$

3．两角和与差的三角公式

$$\sin(\alpha \pm \beta) = \sin\alpha\cos\beta \pm \cos\alpha\sin\beta.$$

$$\cos(\alpha \pm \beta) = \cos\alpha\cos\beta \mp \sin\alpha\sin\beta.$$

$$\tan(\alpha \pm \beta) = \frac{\tan\alpha \pm \tan\beta}{1 \mp \tan\alpha\tan\beta}.$$

4．万能公式

$$\sin\alpha = \frac{2\tan\frac{\alpha}{2}}{1 + \tan^2\frac{\alpha}{2}}.$$

$$\cos\alpha = \frac{1 - \tan^2\frac{\alpha}{2}}{1 + \tan^2\frac{\alpha}{2}}.$$

$$\tan\alpha = \frac{2\tan\frac{\alpha}{2}}{1 - \tan^2\frac{\alpha}{2}}.$$

5．半角的正弦、余弦和正切公式

$$\sin\frac{\alpha}{2} = \pm\sqrt{\frac{1 - \cos\alpha}{2}}.$$

$$\cos\frac{\alpha}{2} = \pm\sqrt{\frac{1 + \cos\alpha}{2}}.$$

$$\tan\frac{\alpha}{2} = \pm\sqrt{\frac{1-\cos\alpha}{1+\cos\alpha}} = \frac{1-\cos\alpha}{\sin\alpha} = \frac{\sin\alpha}{1+\cos\alpha}.$$

6. 三角函数的降幂公式

$$\sin^2\alpha = \frac{1-\cos\alpha}{2}.$$

$$\cos^2\alpha = \frac{1+\cos\alpha}{2}.$$

7. 二倍(三倍)角的正弦、余弦和正切公式

$$\sin2\alpha = 2\sin\alpha\cos\alpha.$$

$$\cos2\alpha = \cos^2\alpha - \sin^2\alpha = 2\cos^2\alpha - 1 = 1 - 2\sin^2\alpha.$$

$$\tan2\alpha = \frac{2\tan\alpha}{1-\tan^2\alpha}.$$

$$\sin3\alpha = 3\sin\alpha - 4\sin^3\alpha.$$

$$\cos3\alpha = 4\cos^3\alpha - 3\cos\alpha.$$

$$\tan3\alpha = \frac{3\tan\alpha - \tan^2\alpha}{1-3\tan^2\alpha}.$$

8. 三角函数的积化和差、和差化积公式

$$\sin\alpha + \sin\beta = 2\sin\frac{\alpha+\beta}{2}\cos\frac{\alpha-\beta}{2}.$$

$$\sin\alpha - \sin\beta = 2\cos\frac{\alpha+\beta}{2}\sin\frac{\alpha-\beta}{2}.$$

$$\cos\alpha + \cos\beta = 2\cos\frac{\alpha+\beta}{2}\cos\frac{\alpha-\beta}{2}.$$

$$\cos\alpha - \cos\beta = -2\sin\frac{\alpha+\beta}{2}\sin\frac{\alpha-\beta}{2}.$$

$$\cos\alpha \cdot \sin\beta = \frac{1}{2}\left[\sin(\alpha+\beta) - \sin(\alpha-\beta)\right].$$

$$\sin\alpha \cdot \cos\beta = \frac{1}{2}\left[\sin(\alpha+\beta) + \sin(\alpha-\beta)\right].$$

$$\cos\alpha \cdot \cos\beta = \frac{1}{2}\left[\cos(\alpha+\beta) + \cos(\alpha-\beta)\right].$$

$$\sin\alpha \cdot \sin\beta = -\frac{1}{2}\left[\cos(\alpha+\beta) - \cos(\alpha-\beta)\right].$$

八、常用的数学符号及读法

常用的数学符号及读法如表 0-3 所示。

表 0-3

大写	小写	英文注音	国际音标注音	中文读法
A	α	alpha	alfa	阿耳法
B	β	beta	beta	贝塔
Γ	γ	gamma	gamma	伽马
Δ	δ	deta	delta	德耳塔
E	ε	epsilon	epsilon	艾普西隆
Z	ζ	zeta	zeta	截塔
H	η	eta	eta	艾塔
Θ	θ	theta	θita	西塔
I	ι	iota	iota	约塔
K	κ	kappa	kappa	卡帕
Λ	λ	lambda	lambda	兰姆达
M	μ	mu	miu	缪
N	ν	nu	niu	纽
Ξ	ξ	xi	ksi	可塞
O	o	omicron	omikron	奥密可戎
Π	π	pi	pai	派
P	ρ	rho	rou	柔
$\sum$	σ	sigma	sigma	西格马
T	τ	tau	tau	套
Υ	υ	upsilon	jupsilon	衣普西隆
Φ	φ	phi	fai	斐
X	χ	chi	khai	喜
Ψ	ψ	psi	psai	普西
Ω	ω	omega	omiga	欧米伽

第1章 函数·极限·连续

基本概念：函数、定义域、单调性、奇偶性、有界性、周期性、分段函数、反函数、复合函数、基本初等函数、函数的极限、左极限、右极限、数列的极限、无穷小量、无穷大量、等价无穷小、连续性、间断点、第一类间断点、第二类间断点.

基本公式：两个重要极限公式.

基本方法：利用函数的连续性求极限，利用四则运算法则求极限，利用两个重要极限公式求极限，利用无穷小替换定理求极限，利用分子、分母消去共同的非零公因子求极限，利用分子、分母同除以自变量的最高次幂求极限，利用连续函数的函数符号与极限符号可交换次序的特性求极限，利用"无穷小与有界变量的乘积仍为无穷小量"求极限.

基本定理：左、右极限与极限的关系，极限的四则运算法则，极限与无穷小的关系，无穷小的运算性质，无穷小的替换定理，无穷小与无穷大的关系，初等函数的连续性，闭区间上连续函数的性质.

§1-1 函 数

学习目标

1. 理解函数的定义，会求函数的定义域；

2. 掌握分段函数的概念；

3. 掌握五类基本初等函数的定义域、值域和图形以及它们的基本性质，如单调性、奇偶性、周期性和有界性；

4. 掌握复合函数的复合结构.

学习重点

1. 五类基本初等函数函数的图像与性质；

2. 定义域的计算与复合函数的分解.

🧩 学习难点

1. 函数定义域的计算；
2. 复合函数的分解.

一、函数的概念

1. 函数的定义

定义 1-1-1 设 x 和 y 是两个变量，D 是一个给定的数集，如果对于每个数 $x \in D$，变量 y 按照一定法则总有唯一确定的数值与其对应，则称 y 是 x 的函数，记作 $y = f(x)$. 数集 D 称为该函数的定义域，x 称为自变量，y 称为因变量.

当自变量 x 取数值 x_0 时，因变量 y 按照法则 f 所取定的数值称为函数 $y = f(x)$ 在点 x_0 处的函数值，记作 $f(x_0)$. 当自变量 x 取遍定义域 D 的每个数值时，对应的函数值的全体组成的数集 $W = \{y \mid y = f(x), x \in D\}$ 称为函数的值域.

2. 函数的两个要素

函数 $y = f(x)$ 的定义域 D 是自变量 x 的取值范围，而函数值 y 又是由对应法则 f 来确定的，所以函数实质上是由其定义域 D 和对应法则 f 所确定的，因此通常称函数的定义域和对应法则为函数的两个要素. 也就是说，只要两个函数的定义域相同，对应法则也相同，就称这两个函数为相同的函数，与变量用什么符号表示无关，如 $y = |x|$ 与 $z = \sqrt{v^2}$ 就是相同的函数.

【例 1-1-1】 判断下列函数是否是相同的函数：

(1) $f(x) = x + 1$ 和 $g(x) = \dfrac{x^2 - 1}{x - 1}$；

(2) $f(x) = \ln 3x$ 和 $g(x) = \ln 3 \cdot \ln x$；

(3) $f(x) = |x|$ 和 $g(x) = \sqrt{x^2}$.

解 (1) 否，因为两函数的定义域不一样. 函数 $f(x) = x + 1$ 的定义域为 $(-\infty, +\infty)$，而函数 $g(x) = \dfrac{x^2 - 1}{x - 1}$ 的定义域为 $(-\infty, 1) \bigcup (1, +\infty)$；

(2) 否，因为两函数的对应法则不一样；

(3) 是，因为两函数的定义域和对应法则都一样.

注意：

(1) 当函数是多项式时，定义域为 $(-\infty, +\infty)$；

(2) 分式函数的分母不能为零；

(3) 偶次根式的被开放式必须大于或等于零；

(4) 对数函数的真数必须大于零；

(5) 反正弦函数与反余弦函数的定义域为 $[-1, 1]$；

(6) 如果函数的表达式中含有上述几种函数，则取各部分定义域的交集.

【例 1-1-2】 求下列函数的定义域:

(1) $y = \sqrt{4-x^2} + \ln 2x$;　　　　　(2) $y = \dfrac{1}{\sqrt{9-x^2}} + \arcsin 3x$.

解　(1) 要使函数有意义,必须满足偶次根式的被开方式大于等于零和对数函数的真数大于零,即 $\begin{cases} 4-x^2 \geq 0 \\ 2x > 0 \end{cases}$,所以 $\begin{cases} -2 \leq x \leq 2 \\ x > 0 \end{cases}$,即 $0 < x \leq 2$. 因此,该函数的定义域为 $(0,2]$.

(2) 要使函数有意义,必须满足分母不为零、偶次根式的被开方式大于等于零和反正弦函数符号内的式子绝对值小于等于 1,即 $\begin{cases} 9-x^2 > 0 \\ -1 \leq 3x \leq 1 \end{cases}$,所以 $\begin{cases} -3 < x < 3 \\ -\dfrac{1}{3} \leq x \leq \dfrac{1}{3} \end{cases}$,即 $\left[-\dfrac{1}{3}, \dfrac{1}{3}\right]$. 因此,该函数的定义域为 $\left[-\dfrac{1}{3}, \dfrac{1}{3}\right]$.

3. 函数的表示法

函数的表示法有图像法、表格法和公式法等.

(1) 图像法:用函数的图形来表示函数的方法称为函数的图像表示方法,简称图像法. 这种方法直观性强并可观察函数的变化趋势,但根据函数图形所求出的函数值准确度不高且不便于做理论研究.

(2) 表格法:将自变量的某些取值及与其对应的函数值列成表格表示函数的方法称为函数的表格表示方法,简称表格法. 这种方法的优点是查找函数值方便,缺点是数据有限、不直观,不便于做理论研究.

(3) 公式法:用一个(或几个)公式表示函数的方法称为函数的公式表示方法,简称公式法,也称为解析法. 这种方法的优点是形式简明,便于做理论研究与数值计算,缺点是不如图像法来得直观.

在用公式法表示函数时经常会遇到下面这种情况:在自变量的不同取值范围内,用不同的公式表示的函数,称为分段函数. 如符号函数 $\mathrm{sgn}(x) = \begin{cases} 1, & x > 0 \\ 0, & x = 0 \\ -1, & x < 0 \end{cases}$,就是一个定义在区间 $(-\infty, +\infty)$ 上的分段函数,其图像如图 1-1-1 所示.

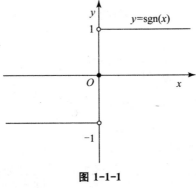

图 1-1-1

二、函数的几种性质

1. 单调性

若对任意 $x_1, x_2 \in (a,b)$，当 $x_1 < x_2$ 时，有 $f(x_1) < f(x_2)$，则称函数 $y = f(x)$ 是区间 (a,b) 上的单调增加函数；当 $x_1 < x_2$ 时，有 $f(x_1) > f(x_2)$，则称函数 $y = f(x)$ 是区间 (a,b) 上的单调减少函数. 单调增加函数和单调减少函数统称单调函数. 若函数 $y = f(x)$ 是区间 (a,b) 上的单调函数，则称区间 (a,b) 为单调区间. 单调增加函数的图像表现为自左至右是单调上升的曲线(见图 1-1-2)，单调减少函数的图像表现为自左至右是单调下降的曲线(见图 1-1-3).

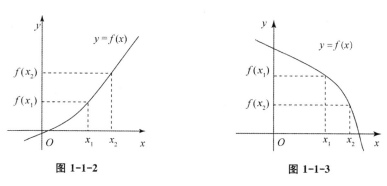

图 1-1-2　　　　　　　　图 1-1-3

2. 奇偶性

设函数 $y = f(x)$ 的定义域 D 关于原点对称，若对任意 $x \in D$ 满足 $f(-x) = f(x)$，则称 $f(x)$ 是 D 上的偶函数；若对任意 $x \in D$ 满足 $f(-x) = -f(x)$，则称 $f(x)$ 是 D 上的奇函数；既不是奇函数也不是偶函数的函数，称为非奇非偶函数. 偶函数的图形关于 y 轴对称(见图 1-1-4)，奇函数的图形关于原点对称(见图 1-1-5).

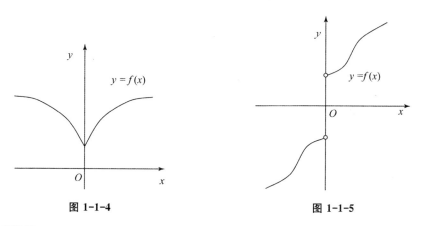

图 1-1-4　　　　　　　　图 1-1-5

3. 周期性

如果存在常数 T，使对于任意 $x \in D, x + T \in D$，有 $f(x + T) = f(x)$，则称函数 $y = f(x)$ 是周期函数，通常所说的周期函数的周期是指它的最小周期. 在每一个周期内的图像是相同的(见图 1-1-6).

4. 有界性

如果存在 $M > 0$,使对于任意 $x \in D$ 满足 $|f(x)| \leqslant M$,则称函数 $y = f(x)$ 是有界的. 图像处在直线 $y = -M$ 与 $y = M$ 之间(见图 1-1-7).

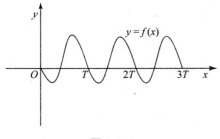

图 1-1-6

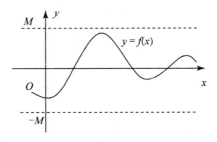

图 1-1-7

三、反函数

定义 1-1-2 设函数 $y = f(x)$ 为定义在数集 D 上的函数,其值域为 W. 如果对于数集 W 中的每个数 y,在数集 D 中都有唯一确定的数 x 使 $y = f(x)$ 成立,则得到一个定义在数集 W 上的以 y 为自变量、x 为因变量的函数,称其为函数 $y = f(x)$ 的反函数,记为 $x = f^{-1}(y)$,其定义域为 W,值域为 D.

但习惯上我们总是用 x 表示自变量、y 表示因变量,因此我们将 $y = f(x)$ 的反函数 $x = f^{-1}(y)$ 用 $y = f^{-1}(x)$ 表示. 原函数 $y = f(x)$ 与反函数 $y = f^{-1}(x)$ 的图形关于直线 $y = x$ 对称(见图 1-1-8).

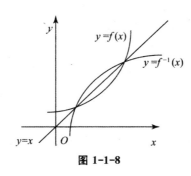

图 1-1-8

四、初等函数

1. 基本初等函数

我们称幂函数、指数函数、对数函数、三角函数和反三角函数这五类函数为基本初等函数,它们是构成函数的最基本元素,必须熟练掌握它们的表达式和对应的图像.

(1)幂函数 $y = x^{\mu}$(μ 是任意常数)(见图 1-1-9).

（2）指数函数 $y = a^x$（a 是常数，$a > 0$ 且 $a \neq 1$）（见图 1-1-10）.

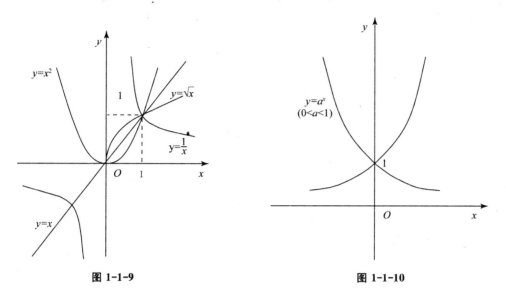

图 1-1-9　　　　　　　　　　　　　　图 1-1-10

（3）对数函数 $y = \log_a x$（a 是常数，$a > 0$ 且 $a \neq 1$）（见图 1-1-11）.

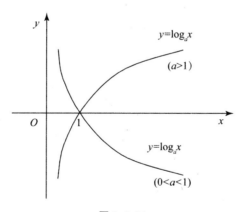

图 1-1-11

（4）三角函数 $y = \sin x$，$y = \cos x$，$y = \tan x$，$y = \cot x$（见图 1-1-12 至图 1-1-15），$y = \sec x$，$y = \csc x$.

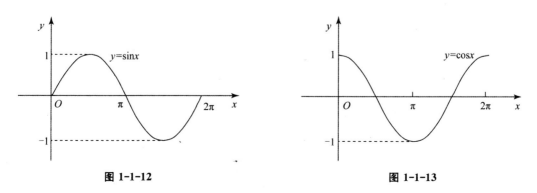

图 1-1-12　　　　　　　　　　　　　　图 1-1-13

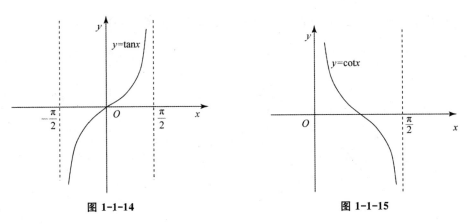

图 1-1-14　　　　　　　　　　　　　　图 1-1-15

（5）反三角函数 $y = \arcsin x, y = \arccos x, y = \arctan x, y = \mathrm{arccot}\, x$（见图 1-1-16 至图 1-1-19）.

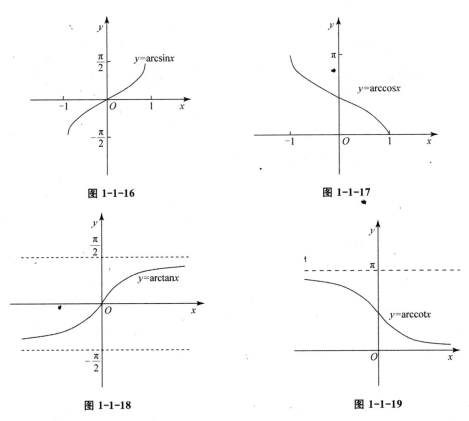

图 1-1-16　　　　　　　　　　　　　　图 1-1-17

图 1-1-18　　　　　　　　　　　　　　图 1-1-19

2. 复合函数

定义 1-1-3　设函数 $y = f(u)$ 及 $u = g(x)$，当 $u = g(x)$ 的值域与 $y = f(u)$ 的定义域交集不为空时，则称函数 $y = f[g(x)]$ 为由函数 $y = f(u)$ 及 $u = g(x)$ 复合而成的复合函数. 其中，x 是自变量，y 是因变量，而 u 称为中间变量.

【例 1-1-3】　分析函数 $y = \arcsin u$ 与 $u = x^2 + 1$ 能否构成复合函数.

解　不能. 因为对函数 $y = \arcsin u$ 而言，必须要求变量 u 满足不等式：$-1 \leqslant u \leqslant 1$，

而 $u = x^2 + 1 \geqslant 1$,所以对于任何 $x > 0$ 的值,y 都得不到确定的对应值.

【例 1-1-4】 指出下列复合函数的结构:

(1) $y = \sqrt[3]{2x^2 - 1}$;   (2) $y = \ln\sin(4x - 3)$;

(3) $y = \mathrm{e}^{\sin\sqrt{x+1}}$.

解 (1) $y = \sqrt[3]{2x^2 - 1}$ 是由 $y = \sqrt[3]{u}$ 和 $u = 2x^2 - 1$ 复合而成的;

(2) $y = \ln\sin(4x - 3)$ 是由 $y = \ln u, u = \sin v, v = 4x - 3$ 复合而成的;

(3) $y = \mathrm{e}^{\sin\sqrt{x+1}}$ 是由 $y = \mathrm{e}^u, u = \sin v, v = \sqrt{w}, w = x + 1$ 复合而成的.

【例 1-1-5】 设 $f(x) = \dfrac{1}{1+x}$,试求 $f[f(x)], f\{f[f(x)]\}$.

解 $f[f(x)] = \dfrac{1}{1 + f(x)} = \dfrac{1}{1 + \dfrac{1}{1+x}} = \dfrac{1+x}{2+x}, \quad x \neq -1, -2;$

$$f\{f[f(x)]\} = \dfrac{1}{1 + f[f(x)]} = \dfrac{1}{1 + \dfrac{1+x}{2+x}} = \dfrac{2+x}{3+2x}, \quad x \neq -1, -2, -\dfrac{3}{2}.$$

3. 初等函数

定义 1-1-4 由常数及基本初等函数经过有限次的四则运算及有限次的函数复合步骤所构成并且可以用一个解析式表示的函数,称为初等函数. 如 $y = \ln\cos x$、$y = \dfrac{\tan 4x + \sqrt{2x}}{x^2 - \sin x + 4^{-x}}$ 等都是初等函数. 除初等函数以外的函数称为非初等函数,如符号函数、狄立克莱函数等都是非初等函数. 分段函数一般为非初等函数,但少数例外,如绝对值函数 $y = |x| = \begin{cases} x, & x \geqslant 0 \\ -x, & x < 0 \end{cases}$ 是初等函数.

▶▶▶▶ **习题 1-1** ◀◀◀◀

1. 求下列函数的定义域:

(1) $y = \sqrt{16 - x^2}$;   (2) $y = \lg(x - 2)$;

(3) $y = \sqrt{25 - x^2} + \ln 4x$;   (4) $y = \arcsin(4x - 1)$.

2. 设函数 $f(x) = \begin{cases} x^2 + 1, & x < 0 \\ x, & x \geqslant 0 \end{cases}$,画出 $f(x)$ 的图形.

3. 判定下列函数的奇偶性:

(1) $y = x^3 - 2x$;   (2) $y = x^2(4 - x^2)$.

4. 指出下列复合函数的结构:

(1) $y = \cos^2 x$;   (2) $y = \lg\cos(4x - 3)$;

(3) $y = \cos^2\ln(x^2 - 2x + 1)$.

5. 设函数 $f(x) = (x - 1)^2, g(x) = \dfrac{1}{1+x}$,试求 $f[g(x)], g[f(x)]$.

§1-2 极 限

学习目标

1. 理解数列极限的定义；
2. 理解函数极限的定义.

学习重点

1. 数列极限的定义；
2. 函数极限的定义.

学习难点

观察数列和函数的变化趋势,计算极限.

一、数列的极限

1. 数列的概念

自变量为正整数的函数 $u_n = f(n)(n = 1,2,\cdots)$,其函数值按自变量 n 由小到大排列成一列数 $u_1, u_2, u_3, \cdots, u_n, \cdots$ 称为数列,将其简记为 $\{u_n\}$,其中 u_n 为数列 $\{u_n\}$ 的通项或一般项.

2. 数列极限的定义

定义 1-2-1 对于数列 $\{a_n\}$,若当 n 无限增大时,a_n 无限接近于一个确定的常数 A,则称常数 A 为数列 $\{a_n\}$ 的极限,记作 $\lim\limits_{n \to \infty} a_n = A$,或 $a_n \to A(n \to \infty)$.

若数列 $\{a_n\}$ 有极限,则称数列 $\{a_n\}$ 是收敛的,且收敛于 A;否则是发散的.

说明：

（1）数列极限只对无穷数列而言.

（2）数列极限是个动态概念,是变量无限运动渐进变化的过程,是一个变量(项数 n)在无限运动的同时另一个变量(对应的通项 a_n)无限接近于某个确定常数的过程,这个常数(即极限)是这个无限运动变化的最终趋势.

【例 1-2-1】 观察下列各数列的极限：

(1) $\{a_n\} = \left\{\dfrac{1}{n}\right\}$;   (2) $\{a_n\} = \left\{\dfrac{1}{4^n}\right\}$;

(3) $\{a_n\} = \left\{\dfrac{n-1}{n+1}\right\}$;   (4) $\{a_n\} = \{8\}$.

解 通过观察 $n \to \infty$ 时各数列的变化趋势,可得：

(1) $\lim\limits_{n \to \infty} \dfrac{1}{n} = 0$;

(2) $\lim\limits_{n\to\infty}\dfrac{1}{4^n}=0$;

(3) $\lim\limits_{n\to\infty}\dfrac{n-1}{n+1}=1$;

(4) $\lim\limits_{n\to\infty}8=8$.

注意：

(1) 并非每个数列都有极限,如数列 $a_n=n^2$,当 $n\to\infty$ 时,$n^2\to\infty$,∞ 不是一个常数,因而它没有极限;又如 $a_n=(-1)^n$,当 $n\to\infty$ 时,a_n 在 1 和 -1 上来回"跳动",无限接近的不是一个确定的常数,因而它也没有极限;

(2) 若数列的极限存在,则极限是唯一的.

下面是几个常用数列的极限：

(1) $\lim\limits_{n\to\infty}C=C(C$ 为常数$)$;

(2) $\lim\limits_{n\to\infty}\dfrac{1}{n^\alpha}=0(\alpha>0)$;

(3) $\lim\limits_{n\to\infty}q^n=0(|q|<1)$.

二、函数的极限

1. $x\to\infty$ 时函数 $f(x)$ 的极限

定义 1-2-2 设函数 $f(x)$ 在 $|x|>a$ 时有定义(a 为某个正实数),若当 x 的绝对值无限增大时,$f(x)$ 无限趋近于一个确定的常数 A,则称常数 A 为函数 $f(x)$ 当 $x\to\infty$ 时的极限,记为

$$\lim\limits_{x\to\infty}f(x)=A \quad 或 \quad f(x)\to A(x\to\infty).$$

注意：

x 的绝对值无限增大即 $x\to\infty$,同时包括 $x\to+\infty$ 和 $x\to-\infty$.

观察 $f(x)=\dfrac{1}{x}$ 的图像(见图 1-2-1),当 $x\to+\infty$ 时,$f(x)$ 无限趋近于常数 0,同时,当 $x\to-\infty$ 时,$f(x)$ 也无限趋近于常数 0,称 0 为函数 $f(x)$ 当 $x\to\infty$ 时的极限.由定义知,$\lim\limits_{x\to\infty}\dfrac{1}{x}=0$.

定义 1-2-3 设函数 $f(x)$ 在 $(a,+\infty)$ 内有定义,若当 $x\to+\infty$ 时,函数 $f(x)$ 无限趋近于一个确定的常数 A,则称常数 A 为函数 $f(x)$ 当 $x\to+\infty$ 时的极限,记为

$$\lim\limits_{x\to+\infty}f(x)=A \quad 或 \quad f(x)\to A(x\to+\infty).$$

观察函数 $f(x)=\left(\dfrac{1}{2}\right)^x$ 的图像(见图 1-2-2),当 $x\to+\infty$ 时,$f(x)$ 无限趋近于常数 0,称 0 为函数 $f(x)$ 当 $x\to+\infty$ 时的极限.由定义知,$\lim\limits_{x\to+\infty}\left(\dfrac{1}{2}\right)^x=0$.

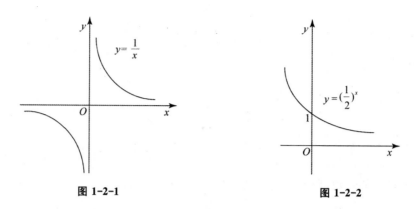

图 1-2-1   图 1-2-2

定义 1-2-4   设函数 $f(x)$ 在 $(-\infty, a)$ 内有定义,若当 $x \to -\infty$ 时,函数 $f(x)$ 无限趋近于一个确定的常数 A,则称常数 A 为函数 $f(x)$ 当 $x \to -\infty$ 时的极限,记为

$$\lim_{x \to -\infty} f(x) = A \quad 或 \quad f(x) \to A(x \to -\infty).$$

观察函数 $f(x) = 2^x$ 的图像(见图 1-2-3),当 $x \to -\infty$ 时,$f(x)$ 无限趋近于常数 0,称 0 为函数 $f(x)$ 当 $x \to -\infty$ 时的极限. 由定义知,$\lim\limits_{x \to -\infty} 2^x = 0$.

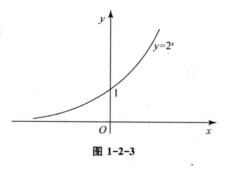

图 1-2-3

由上述函数极限定义,不难得到如下重要结论:

定理 1-2-1 $\lim\limits_{x \to \infty} f(x) = A \iff \lim\limits_{x \to +\infty} f(x) = \lim\limits_{x \to -\infty} f(x) = A.$

【**例 1-2-2**】   讨论当 $x \to \infty$ 时,函数 $f(x) = \arctan x$ 的极限.

解   如图 1-2-4 所示,当 $x \to +\infty$ 时,$f(x)$ 无限趋近于常数 $\dfrac{\pi}{2}$,由定义 1-2-3 知

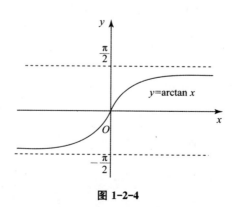

图 1-2-4

$\lim\limits_{x \to +\infty} \arctan x = \dfrac{\pi}{2}$;当 $x \to -\infty$ 时,$f(x)$ 无限趋近于常数 $-\dfrac{\pi}{2}$,由定义 1-2-4 知 $\lim\limits_{x \to -\infty} \arctan x =$

$-\dfrac{\pi}{2}$. 但 $\dfrac{\pi}{2} \neq -\dfrac{\pi}{2}$,即 $\lim\limits_{x \to +\infty} \arctan x \neq \lim\limits_{x \to -\infty} \arctan x$,由定理 1-2-1 知,当 $x \to \infty$ 时,$\arctan x$ 的

极限不存在.

同理,如图 1-2-3 所示,因为 $\lim\limits_{x \to -\infty} 2^x = 0$,$\lim\limits_{x \to +\infty} 2^x = +\infty$,所以 $\lim\limits_{x \to \infty} 2^x$ 不存在.

【例 1-2-3】 设 $f(x) = \dfrac{x}{x+1}$,求 $\lim\limits_{x \to +\infty} f(x)$,$\lim\limits_{x \to -\infty} f(x)$ 和 $\lim\limits_{x \to \infty} f(x)$.

解 通过观察,可知:

当 $x \to +\infty$ 时,$\dfrac{x}{x+1} \to 1$,所以

$$\lim\limits_{x \to +\infty} f(x) = 1.$$

当 $x \to -\infty$ 时,$\dfrac{x}{x+1} \to 1$,所以

$$\lim\limits_{x \to -\infty} f(x) = 1.$$

因为 $\lim\limits_{x \to +\infty} f(x) = \lim\limits_{x \to -\infty} f(x) = 1$,所以

$$\lim\limits_{x \to \infty} f(x) = 1.$$

2. $x \to x_0$ 时函数 $f(x)$ 的极限

定义 1-2-5 设函数 $f(x)$ 在 x_0 左、右两侧有定义(点 x_0 本身可以除外),若当 x 无限趋近于 x_0(记为 $x \to x_0$)时,$f(x)$ 无限趋近于一个确定的常数 A,则称常数 A 为函数 $f(x)$ 当 $x \to x_0$ 时的极限,记为

$$\lim\limits_{x \to x_0} f(x) = A \quad \text{或} \quad f(x) \to A (x \to x_0).$$

【例 1-2-4】 观察当 $x \to 1$ 时,函数 $f(x) = x+1$ 与 $g(x) = \dfrac{x^2-1}{x-1}$ 的变化趋势.

解 观察图 1-2-5 知,当 $x \to 1$ 时,$f(x) = x+1$ 无限趋近于 2,并且 $f(1) = 2$;观察图 1-2-6 知,当 $x \to 1$ 时,$g(x) = \dfrac{x^2-1}{x-1}$ 也无限趋近于 2.

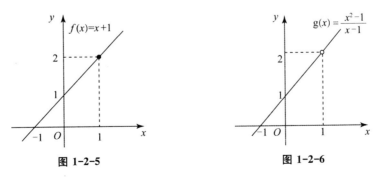

图 1-2-5　　　　　　　　　　图 1-2-6

$f(x) = x+1$ 与 $g(x) = \dfrac{x^2-1}{x-1}$ 是两个不同的函数,前者在 $x = 1$ 处有定义,后者在

$x = 1$ 处无定义.这说明当 $x \to 1$ 时,$f(x)$ 和 $g(x)$ 的极限是否存在与其在 $x = 1$ 处是否有定义无关.

由定义知,

$$\lim_{x \to 1}(x + 1) = 2, \qquad \lim_{x \to 1}\frac{x^2 - 1}{x - 1} = 2.$$

注意:

(1) 一个函数在 x_0 处是否存在极限,与它在 x_0 处是否有定义无关,只要求函数在 x_0 近旁有定义即可;

(2) $x \to x_0$ 包括 x 从 x_0 的左、右两侧同时无限趋近于 x_0.

定义 1-2-6 若当 x 从 x_0 的左侧(即 $x < x_0$)无限趋近于 x_0(记为 $x \to x_0^-$)时,函数 $f(x)$ 无限趋近于一个确定的常数 A,则称常数 A 为函数 $f(x)$ 在 x_0 处的左极限,记为

$$\lim_{x \to x_0^-}f(x) = A \quad \text{或} \quad f(x) \to A(x \to x_0^-).$$

定义 1-2-7 若当 x 从 x_0 的右侧(即 $x > x_0$)无限趋近于 x_0(记为 $x \to x_0^+$)时,函数 $f(x)$ 无限趋近于一个确定的常数 A,则称常数 A 为函数 $f(x)$ 在 x_0 处的右极限,记为

$$\lim_{x \to x_0^+}f(x) = A \quad \text{或} \quad f(x) \to A(x \to x_0^+).$$

由上述极限定义,不难得到函数极限与函数左、右极限之间有如下重要的关系:

定理 1-2-2 $\lim\limits_{x \to x_0}f(x) = A \iff \lim\limits_{x \to x_0^-}f(x) = \lim\limits_{x \to x_0^+}f(x) = A.$

【例 1-2-5】 讨论 $\lim\limits_{x \to 0}e^{\frac{1}{x}}$ 是否存在.

解 当 $x \to 0^+$ 时,$\dfrac{1}{x} \to +\infty$,从而 $e^{\frac{1}{x}} \to +\infty$;

当 $x \to 0^-$ 时,$\dfrac{1}{x} \to -\infty$,从而 $e^{\frac{1}{x}} \to 0$.

故当 $x \to 0$ 时,$e^{\frac{1}{x}}$ 的左极限存在而右极限不存在.由定理 1-2-2 知,$\lim\limits_{x \to 0}e^{\frac{1}{x}}$ 不存在.

【例 1-2-6】 设函数 $f(x) = \begin{cases} 2x + 1, & -\infty < x < 0 \\ 4x^2, & 0 \leqslant x \leqslant 1 \\ x + 3, & x > 1 \end{cases}$,讨论该函数在 $x = 0$ 和 $x = 1$ 处的极限.

解 因为 $\lim\limits_{x \to 0^-}f(x) = \lim\limits_{x \to 0^-}(2x + 1) = 1$,而 $\lim\limits_{x \to 0^+}f(x) = \lim\limits_{x \to 0^+}4x^2 = 0$,所以 $\lim\limits_{x \to 0}f(x)$ 不存在;

因为 $\lim\limits_{x \to 1^-}f(x) = \lim\limits_{x \to 1^-}4x^2 = 4$,且 $\lim\limits_{x \to 1^+}f(x) = \lim\limits_{x \to 1^+}(x + 3) = 4$,所以 $\lim\limits_{x \to 1}f(x) = 4$.

【例 1-2-7】 设函数 $\text{sgn}(x) = \begin{cases} 1, & x > 0 \\ 0, & x = 0 \\ -1, & x < 0 \end{cases}$,讨论 $\lim\limits_{x \to 0^-}\text{sgn}(x)$,$\lim\limits_{x \to 0}\text{sgn}(x)$,$\lim\limits_{x \to 0^+}\text{sgn}(x)$ 是否存在.

解 从函数 $\text{sgn}(x)$ 的图形(见图 1-2-7)中不难看出:

$\lim\limits_{x \to 0^-} \mathrm{sgn}(x) = -1$，$\lim\limits_{x \to 0^+} \mathrm{sgn}(x) = 1$，所以 $\lim\limits_{x \to 0} \mathrm{sgn}(x)$ 不存在.

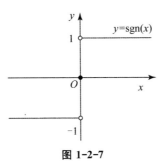

图 1-2-7

▶▶▶▶ 习题 1-2 ◀◀◀◀

1. 观察下列各数列的极限：

(1) $\{a_n\} = \left\{\dfrac{3}{2n}\right\}$；

(2) $\{a_n\} = \left\{\dfrac{1}{2^n}\right\}$；

(3) $\{a_n\} = \left\{\dfrac{n+1}{n-1}\right\}$；

(4) $\{a_n\} = \{(-1)^n\}$.

2. 讨论 $\lim\limits_{x \to \infty} e^{-x}$ 是否存在.

3. 设函数 $f(x) = \begin{cases} x, & x < 0 \\ 2, & x = 0 \\ x^2 + 1, & x > 0 \end{cases}$，求该函数在 $x = 0$ 处的左、右极限，并讨论极限 $\lim\limits_{x \to 0} f(x)$ 是否存在.

4. 设 $f(x) = \dfrac{|x| - x}{3x}$，求 $\lim\limits_{x \to 0^-} f(x)$ 及 $\lim\limits_{x \to 0^+} f(x)$，并说明 $\lim\limits_{x \to 0} f(x)$ 是否存在.

§1-3 极限的运算

学习目标

1. 掌握极限的四则运算法则；
2. 掌握两个重要极限公式及其变形公式.

学习重点

1. 极限的四则运算法则；
2. 运用两个重要极限公式求函数的极限.

学习难点

两个重要极限的变形公式.

一、极限的四则运算法则

自变量在同一个变化过程中,如果极限 $\lim f(x)$ 和 $\lim g(x)$ 都存在,则有如下四则运算法则.

法则 1-3-1 $\lim[f(x)\pm g(x)]=\lim f(x)\pm\lim g(x)$.

法则 1-3-2 $\lim[f(x)\times g(x)]=\lim f(x)\times\lim g(x)$.

推论 1-3-1 $\lim[C\cdot f(x)]=C\lim f(x)$(其中常数 $C\in\mathbf{R}$).

推论 1-3-2 $\lim[f(x)]^n=[\lim f(x)]^n$(其中常数 $n\in\mathbf{Z}^+$).

法则 1-3-3 若 $\lim g(x)\neq 0$,则 $\lim\dfrac{f(x)}{g(x)}=\dfrac{\lim f(x)}{\lim g(x)}$.

说明:

(1)上述法则中自变量变化过程可以是 $x\to x_0, x\to x_0^+, x\to x_0^-, x\to\infty, x\to+\infty$,$x\to-\infty$,只要是同一变化过程,上述等式均成立;

(2)上述法则对于数列极限也成立;

(3)法则 1-3-1 和法则 1-3-2 还可以推广至有限个函数的情形.

【例 1-3-1】 求极限 $\lim\limits_{x\to 1}(3x^3-4x+5)$.

解 原式 $=\lim\limits_{x\to 1}3x^3-\lim\limits_{x\to 1}4x+\lim\limits_{x\to 1}5$

$=3(\lim\limits_{x\to 1}x)^3-4\lim\limits_{x\to 1}x+\lim\limits_{x\to 1}5$

$=3\times 1^3-4\times 1+5$

$=4.$

【例 1-3-2】 求下列函数的极限:

(1) $\lim\limits_{x\to-1}\dfrac{2x^2-4x+1}{3x^2-5x+4}$;

(2) $\lim\limits_{x\to 4}\dfrac{x^2-7x+12}{x^2-5x+4}$;

(3) $\lim\limits_{x\to 2}\dfrac{4x-2}{x^2-5x+6}$.

解 (1)原式 $=\dfrac{\lim\limits_{x\to-1}(2x^2-4x+1)}{\lim\limits_{x\to-1}(3x^2-5x+4)}=\dfrac{2\times(-1)^2-4\times(-1)+1}{3\times(-1)^2-5\times(-1)+4}=\dfrac{7}{12}$;

(2)原式 $=\lim\limits_{x\to 4}\dfrac{(x-3)(x-4)}{(x-1)(x-4)}=\lim\limits_{x\to 4}\dfrac{x-3}{x-1}=\dfrac{1}{3}$;

(3)因为 $\lim\limits_{x\to 2}\dfrac{x^2-5x+6}{4x-2}=\dfrac{\lim\limits_{x\to 2}(x^2-5x+6)}{\lim\limits_{x\to 2}(4x-2)}=\dfrac{2^2-5\times 2+6}{4\times 2-2}=0$,

所以 $$\lim\limits_{x\to 2}\dfrac{4x-2}{x^2-5x+6}=\infty.$$

【例 1-3-3】 求极限 $\lim\limits_{x\to\infty}\dfrac{2x^2+x+5}{3x^2-x+2}$.

解   原式 $= \lim\limits_{x \to \infty} \dfrac{2x^2 + x + 5}{3x^2 - x + 2} = \lim\limits_{x \to \infty} \dfrac{2 + \dfrac{1}{x} + \dfrac{5}{x^2}}{3 - \dfrac{1}{x} + \dfrac{2}{x^2}} = \dfrac{2}{3}.$

注意：

若当 $x \to \infty$ 时，分子、分母的极限都是无穷大$\left(称\dfrac{\infty}{\infty}\,型\right)$，则不能直接用商的极限法则，可将分子、分母同除以 x 的最高次幂项后再应用法则求极限.

一般地，有理函数有以下结论(可作为公式使用)：

若 $a_n \neq 0, b_m \neq 0, m$、$n$ 为正整数，则

$$\lim\limits_{x \to \infty} \dfrac{a_n x^n + a_{n-1} x^{n-1} + \cdots + a_1 x + a_0}{b_m x^m + b_{m-1} x^{m-1} + \cdots + b_1 x + b_0} = \lim\limits_{x \to \infty} \dfrac{a_n x^n}{b_m x^m} = \begin{cases} \dfrac{a_m}{b_m}, & m = n \\ 0, & m > n \\ \infty, & m < n \end{cases}.$$

【**例 1-3-4**】   计算下列函数的极限：

(1) $\lim\limits_{x \to 1} \left(\dfrac{3}{1 - x^3} - \dfrac{1}{1 - x} \right)$;   (2) $\lim\limits_{x \to 0} \dfrac{\sqrt{1 + x} - 1}{x}$.

解   (1) 当 $x \to 1$ 时，原式两项极限均为无穷大(称 $\infty - \infty$ 型)，不能直接用差的极限法则，可先通分再求极限.

$$\begin{aligned} \lim\limits_{x \to 1} \left(\dfrac{3}{1 - x^3} - \dfrac{1}{1 - x} \right) &= \lim\limits_{x \to 1} \dfrac{3 - (1 + x + x^2)}{(1 - x)(1 + x + x^2)} \\ &= \lim\limits_{x \to 1} \dfrac{(2 + x)(1 - x)}{(1 - x)(1 + x + x^2)} \\ &= \lim\limits_{x \to 1} \dfrac{2 + x}{1 + x + x^2} = 1. \end{aligned}$$

(2) 当 $x \to 0$ 时，原式中非有理函数的分子、分母极限均为零$\left(称\dfrac{0}{0}\,型\right)$，不能直接用商的极限法则，可先对分子有理化，然后再求极限.

$$\begin{aligned} \lim\limits_{x \to 0} \dfrac{\sqrt{1 + x} - 1}{x} &= \lim\limits_{x \to 0} \dfrac{(\sqrt{1 + x} - 1)(\sqrt{1 + x} + 1)}{x(\sqrt{1 + x} + 1)} \\ &= \lim\limits_{x \to 0} \dfrac{x}{x(\sqrt{1 + x} + 1)} \\ &= \lim\limits_{x \to 0} \dfrac{1}{\sqrt{1 + x} + 1} = \dfrac{1}{2}. \end{aligned}$$

二、两个重要极限

1. 重要极限 Ⅰ：$\lim\limits_{x \to 0} \dfrac{\sin x}{x} = 1$ $\left(\dfrac{0}{0}\,型 \right)$

函数 $\dfrac{\sin x}{x}$ 的定义域为 $x \neq 0$ 的全体实数，当 $x \to 0$ 时，观察其变化趋势(见表 1-3-1).

表 1-3-1

x	± 1.00	± 0.100	± 0.010	± 0.001	...
$\dfrac{\sin x}{x}$	0.84147098	0.99833417	0.99998334	0.99999984	...

由表 1-3-1 可知,当 $x \to 0$ 时,$\dfrac{\sin x}{x} \to 0$,根据极限的定义有

$$\lim_{x \to 0} \frac{\sin x}{x} = 1.$$

注意:

(1) 这个重要极限主要用于解决三角函数当中 $\dfrac{0}{0}$ 型的极限;

(2) 这个重要极限的等价形式是 $\lim\limits_{x \to 0} \dfrac{x}{\sin x} = 1$;

(3) 这个重要极限的变形公式为当 $\lim\limits_{\substack{x \to x_0 \\ (或 x \to \infty)}} \varphi(x) = 0$ 时,

$$\lim_{\substack{x \to x_0 \\ (或 x \to \infty)}} \frac{\sin[\varphi(x)]}{\varphi(x)} = 1.$$

【例 1-3-5】 求极限 $\lim\limits_{x \to 0} \dfrac{\sin 3x}{4x}$.

解 原式 $= \lim\limits_{x \to 0} \left(\dfrac{\sin 3x}{3x} \times \dfrac{3}{4} \right) = \dfrac{3}{4} \times \lim\limits_{x \to 0} \dfrac{\sin 3x}{3x} = \dfrac{3}{4} \times 1 = \dfrac{3}{4}.$

【例 1-3-6】 求极限 $\lim\limits_{x \to 0} \dfrac{\tan x}{2x}$.

解 原式 $= \lim\limits_{x \to 0} \left(\dfrac{\sin x}{\cos x} \times \dfrac{1}{2x} \right) = \lim\limits_{x \to 0} \left(\dfrac{\sin x}{x} \times \dfrac{1}{2\cos x} \right)$

$= \lim\limits_{x \to 0} \dfrac{\sin x}{x} \times \lim\limits_{x \to 0} \dfrac{1}{2\cos x} = 1 \times \dfrac{1}{2} = \dfrac{1}{2}.$

【例 1-3-7】 求极限 $\lim\limits_{x \to 4} \dfrac{\sin(x-4)}{x^2 - 16}$.

解 原式 $= \lim\limits_{x \to 4} \dfrac{\sin(x-4)}{(x+4)(x-4)} = \lim\limits_{x \to 4} \dfrac{1}{x+4} \times \lim\limits_{x \to 4} \dfrac{\sin(x-4)}{x-4}$

$= \dfrac{1}{4+4} \times 1 = \dfrac{1}{8}.$

【例 1-3-8】 求极限 $\lim\limits_{x \to 0} \dfrac{1 - \cos x}{x^2}$.

解 原式 $= \lim\limits_{x \to 0} \dfrac{2\sin^2 \dfrac{x}{2}}{x^2} = \lim\limits_{x \to 0} \left[\dfrac{1}{2} \times \left(\dfrac{\sin \dfrac{x}{2}}{\dfrac{x}{2}} \right)^2 \right] = \dfrac{1}{2} \lim\limits_{x \to 0} \left(\dfrac{\sin \dfrac{x}{2}}{\dfrac{x}{2}} \right)^2$

$= \dfrac{1}{2} \times 1 = \dfrac{1}{2}.$

2. 重要极限 Ⅱ：$\lim\limits_{x \to \infty} \left(1 + \dfrac{1}{x}\right)^x = \mathrm{e}$ （1^∞ 型）

当 $x \to \infty$ 时，观察函数 $\left(1 + \dfrac{1}{x}\right)^x$ 的变化趋势（见表 1-3-2）.

表 1-3-2

x	1	10	100	1000	10000	⋯
$\left(1 + \dfrac{1}{x}\right)^x$	2	2.594	2.705	2.717	2.718	⋯

从表 1-3-2 可看出，当 x 无限增大时，函数 $\left(1 + \dfrac{1}{x}\right)^x$ 变化的大致趋势，可以证明当 $x \to \infty$ 时，$\left(1 + \dfrac{1}{x}\right)^x$ 的极限确实存在，并且是一个无理数，其值为 $\mathrm{e} = 2.718282828\cdots$，即

$$\lim_{x \to \infty} \left(1 + \frac{1}{x}\right)^x = \mathrm{e}.$$

注意：

（1）这个重要极限适用于 1^∞ 型.

（2）这个重要极限的等价形式为 $\lim\limits_{x \to 0} (1 + x)^{\frac{1}{x}} = \mathrm{e}$.

（3）这个重要极限的变形公式为：

当 $\lim\limits_{\substack{x \to x_0 \\ (\text{或} x \to \infty)}} \varphi(x) = 0$ 时，$\lim\limits_{\substack{x \to x_0 \\ (\text{或} x \to \infty)}} [1 + \varphi(x)]^{\frac{1}{\varphi(x)}} = \mathrm{e}$；

当 $\lim\limits_{\substack{x \to x_0 \\ (\text{或} x \to \infty)}} \varphi(x) = \infty$ 时，$\lim\limits_{\substack{x \to x_0 \\ (\text{或} x \to \infty)}} \left[1 + \dfrac{1}{\varphi(x)}\right]^{\varphi(x)} = \mathrm{e}$.

【例 1-3-9】 求极限 $\lim\limits_{x \to \infty} \left(1 + \dfrac{1}{x}\right)^{\frac{x}{2}}$.

解 原式 $= \lim\limits_{x \to \infty} \left[\left(1 + \dfrac{1}{x}\right)^x\right]^{\frac{1}{2}} = \left[\lim\limits_{x \to \infty} \left(1 + \dfrac{1}{x}\right)^x\right]^{\frac{1}{2}} = \mathrm{e}^{\frac{1}{2}}$.

【例 1-3-10】 求极限 $\lim\limits_{x \to 0} (1 - x)^{\frac{4}{x}}$.

解 原式 $= \lim\limits_{x \to 0} \{[1 + (-x)]^{-\frac{1}{x}}\}^{-4} = \mathrm{e}^{-4} = \dfrac{1}{\mathrm{e}^4}$.

【例 1-3-11】 求极限 $\lim\limits_{x \to \infty} \left(\dfrac{x}{1 + x}\right)^x$.

解 原式 $= \lim\limits_{x \to \infty} \dfrac{1}{\left(1 + \dfrac{1}{x}\right)^x} = \dfrac{1}{\lim\limits_{x \to \infty} \left(1 + \dfrac{1}{x}\right)^x} = \dfrac{1}{\mathrm{e}}$

【例 1-3-12】 求极限 $\lim\limits_{x \to \infty} \left(\dfrac{x + 1}{x - 1}\right)^{x+2}$.

解 原式 $= \lim\limits_{x \to \infty} \left\{\left[\left(1 + \dfrac{2}{x - 1}\right)^{\frac{x-1}{2}}\right]^2 \left(1 + \dfrac{2}{x - 1}\right)^3\right\}$

$\qquad = \mathrm{e}^2 \lim\limits_{x \to \infty} \left(1 + \dfrac{2}{x - 1}\right)^3 = \mathrm{e}^2$.

▶▶▶▶ 习题 1-3 ◀◀◀◀

求下列函数的极限：

(1) $\lim\limits_{x \to 2}(6x + 5)$；

(2) $\lim\limits_{x \to +\infty} \dfrac{2x^3 + x^2}{3x^3 + x}$；

(3) $\lim\limits_{x \to 2} \dfrac{x^2 - 4x + 4}{x - 2}$；

(4) $\lim\limits_{x \to 0} \dfrac{\sqrt{x + 9} - 3}{x}$；

(5) $\lim\limits_{x \to 0} \dfrac{\sin^2 4x}{x^2}$；

(6) $\lim\limits_{x \to 0} \dfrac{\sin 4x}{\sqrt{x + 1} - 1}$；

(7) $\lim\limits_{x \to \infty} \left(1 + \dfrac{3}{x}\right)^{x+1}$；

(8) $\lim\limits_{x \to 0} (1 - 2x)^{\frac{1}{x}}$.

§1-4　无穷小量与无穷大量

学习目标

1. 掌握无穷小量与无穷大量的概念及关系；
2. 掌握无穷小量的性质及其应用；
3. 掌握无穷小量阶的比较, 会进行等价替换.

学习重点

1. 利用无穷小量的性质求极限；
2. 运用无穷小量等价替换求极限.

学习难点

运用无穷小量等价替换求极限.

一、无穷小量与无穷大量

1. 无穷小量的定义

定义 1-4-1　在自变量 x 的某一变化过程中, 函数 $f(x)$ 的极限为零, 则称 $f(x)$ 为自变量 x 在此变化过程中的无穷小量(简称无穷小), 记作 $\lim f(x) = 0$. 其中"$\lim f(x)$"是简记符号, 极限的条件可以是 $x \to x_0$, $x \to \infty$ 等中的某一个.

说明：

(1) 无穷小和一个很小的常数(如 10^{-10})不能混为一谈. 这是因为无穷小是个变量, 它在自变量的某一个变化过程中(如 $x \to x_0$), 其绝对值可以任意小, 即要有多小就有多小.

（2）一般地，无穷小是有条件的，要注意自变量的变化过程. 例如 $\lim\limits_{x \to 2}(x-2)^3 = 0$，$\lim\limits_{x \to 3}(x-2)^3 = 1$，表示变量 $(x-2)^3$ 在 $x \to 2$ 时是无穷小，但在 $x \to 3$ 的条件下，变量 $(x-2)^3$ 就不是无穷小.

（3）数字"0"是唯一一个无穷小的常量. 这是因为 $\lim 0 = 0$，即在任意条件下，0 都是无穷小. 换言之，常数 0 在自变量任何一个变化过程中，其极限总为 0，因此 0 可以作为无穷小的唯一的常数.

【例 1-4-1】 自变量 x 在怎样的变化过程中，下列函数为无穷小：

（1）$y = \dfrac{1}{x-2}$；   （2）$y = 2x - 4$；

（3）$y = 2^x$；   （4）$y = \left(\dfrac{1}{4}\right)^x$.

解 （1）因为 $\lim\limits_{x \to \infty} \dfrac{1}{x-2} = 0$，所以当 $x \to \infty$ 时，$y = \dfrac{1}{x-2}$ 为无穷小；

（2）因为 $\lim\limits_{x \to 2}(2x-4) = 0$，所以当 $x \to 2$ 时，$y = 2x - 4$ 为无穷小；

（3）因为 $\lim\limits_{x \to -\infty} 2^x = 0$，所以当 $x \to -\infty$ 时，$y = 2^x$ 为无穷小；

（4）因为 $\lim\limits_{x \to +\infty}\left(\dfrac{1}{4}\right)^x = 0$，所以当 $x \to +\infty$ 时，$y = \left(\dfrac{1}{4}\right)^x$ 为无穷小.

2. 无穷大量的定义

定义 1-4-2 在自变量 x 的某一个变化过程中，函数 $f(x)$ 的绝对值 $|f(x)|$ 无限增大，则称 $f(x)$ 为自变量 x 在此变化过程中的无穷大量（简称无穷大），记作 $\lim f(x) = \infty$. 其中"$\lim f(x)$"是简记符号，极限的条件可以是 $x \to x_0$，$x \to \infty$ 等中的某一个.

说明：

（1）表达式 $\lim f(x) = \infty$，只是为了数学的表述方便，而沿用了极限符号，无穷大变量的极限值是不存在的.

（2）无穷大"∞"不是数，不可与绝对值很大的数（如 10^{10} 等）混为一谈. 无穷大是指绝对值可以任意大的变量.

【例 1-4-2】 自变量 x 在怎样的变化过程中，下列函数为无穷大：

（1）$y = \dfrac{1}{x-2}$；   （2）$y = 2x - 4$；

（3）$y = 2^x$；   （4）$y = \left(\dfrac{1}{4}\right)^x$.

解 （1）因为 $\lim\limits_{x \to 2} \dfrac{1}{x-2} = \infty$，所以当 $x \to 2$ 时，$y = \dfrac{1}{x-2}$ 为无穷大；

（2）因为 $\lim\limits_{x \to \infty}(2x-4) = \infty$，所以当 $x \to \infty$ 时，$y = 2x - 4$ 为无穷大；

（3）因为 $\lim\limits_{x \to +\infty} 2^x = +\infty$，所以当 $x \to +\infty$ 时，$y = 2^x$ 为无穷大；

（4）因为 $\lim\limits_{x \to -\infty}\left(\dfrac{1}{4}\right)^x = +\infty$，所以当 $x \to -\infty$ 时，$y = \left(\dfrac{1}{4}\right)^x$ 为无穷大.

3. 无穷大量与无穷小量的关系

定理 1-4-1 在自变量的同一变化过程中,如果 $f(x)$ 是无穷大量,则 $\dfrac{1}{f(x)}$ 是无穷小量;如果 $f(x) \neq 0$ 且 $f(x)$ 是无穷小量,则 $\dfrac{1}{f(x)}$ 是无穷大量.

【例 1-4-3】 求极限 $\lim\limits_{x \to 2} \dfrac{x-2}{x^2 - 4x + 4}$.

解 因为 $\lim\limits_{x \to 2} \dfrac{x^2 - 4x + 4}{x - 2} = \lim\limits_{x \to 2} \dfrac{(x-2)^2}{x-2} = \lim\limits_{x \to 2}(x-2) = 0$,

所以
$$\lim_{x \to 2} \frac{x-2}{x^2 - 4x + 4} = \infty.$$

二、无穷小量的性质

性质 1-4-1(极限与无穷小的关系) 在自变量 x 的某一个变化过程中,函数 $f(x)$ 有极限 A 的充要条件是 $f(x) = A + \alpha$,其中 α 是自变量 x 在同一变化过程中的无穷小量.

性质 1-4-2(无穷小的代数性质)

(1) 有限个无穷小的代数和仍是无穷小;

(2) 无穷小与有界函数的乘积仍是无穷小;

(3) 常数与无穷小的乘积仍是无穷小.

【例 1-4-4】 求极限 $\lim\limits_{x \to 0} x^2 \cos \dfrac{1}{x}$.

解 因为 $\left| \cos \dfrac{1}{x} \right| \leqslant 1$,所以函数 $f(x) = \cos \dfrac{1}{x}$ 是有界函数,同时 $\lim\limits_{x \to 0} x^2 = 0$. 根据无穷小的性质可得

$$\lim_{x \to 0} x^2 \cos \frac{1}{x} = 0.$$

【例 1-4-5】 计算极限 $\lim\limits_{x \to \infty} \dfrac{\sin x}{x}$.

解 因为 $|\sin x| \leqslant 1$,所以函数 $f(x) = \sin x$ 是有界函数,同时 $\lim\limits_{x \to \infty} \dfrac{1}{x} = 0$. 根据无穷小的性质可得

$$\lim_{x \to \infty} \frac{\sin x}{x} = \lim_{x \to \infty}\left(\frac{1}{x} \cdot \sin x \right) = 0.$$

三、无穷小量的阶比较

定义 1-4-3 无穷小量的阶的比较(以下讨论的 α 和 β 都是自变量在同一变化过程中的无穷小,且 $\alpha \neq 0$,而 $\lim \dfrac{\beta}{\alpha}$ 也是在这个变化过程中的极限):

(1) 若 $\lim \dfrac{\beta}{\alpha} = 0$，则称 β 是比 α 高阶的无穷小量，记作 $\beta = 0(\alpha)(\beta \neq 0$ 时$)$，也称 α 是比 β 低阶的无穷小量；

(2) 若 $\lim \dfrac{\beta}{\alpha} = c(c \neq 0)$，则称 β 与 α 为同阶无穷小量；

(3) 若 $\lim \dfrac{\beta}{\alpha} = 1$，则称 β 与 α 是等价无穷小量，记作

$$\alpha \sim \beta \quad 或 \quad \beta \sim \alpha.$$

说明：

等价无穷小是同阶无穷小的特殊情形，即 $c = 1$ 的情况.

定理 1-4-2(等价无穷小的替换原理) 在自变量的同一变化过程中，α、α'、β 和 β' 都是无穷小，且 $\alpha \sim \alpha'$，$\beta \sim \beta'$，如果 $\lim \dfrac{\beta'}{\alpha'}$ 存在，那么 $\lim \dfrac{\beta}{\alpha} = \lim \dfrac{\beta'}{\alpha'}$.

下面是几个常见的等价无穷小，当 $x \to 0$ 时，有：

$ax \sim \sin ax$； $ax \sim \tan ax$；

$ax \sim \arcsin ax$； $ax \sim \arctan ax$；

$x \sim \mathrm{e}^x - 1$； $x \sim \ln(1 + x)$；

$1 - \cos x \sim \dfrac{x^2}{2}$； $(1 + x)^a - 1 \sim ax \quad (a \neq 0)$.

【例 1-4-6】 求极限 $\lim\limits_{x \to 0} \dfrac{\tan 3x}{\sin 4x}$.

解 因为当 $x \to 0$ 时，$\tan 3x \sim 3x$，$\sin 4x \sim 4x$，所以

$$\lim_{x \to 0} \frac{\tan 3x}{\sin 4x} = \lim_{x \to 0} \frac{3x}{4x} = \frac{3}{4}.$$

【例 1-4-7】 求极限 $\lim\limits_{x \to 0} \dfrac{\ln(1 + x)}{2x}$.

解 因为当 $x \to 0$ 时，$x \sim \ln(1 + x)$，所以

$$\lim_{x \to 0} \frac{\ln(1 + x)}{2x} = \lim_{x \to 0} \frac{x}{2x} = \frac{1}{2}.$$

▶▶▶▶ **习题 1-4** ◀◀◀◀

1. 自变量 x 在怎样的变化过程中，下列函数为无穷小：

(1) $y = \dfrac{1}{x + 1}$；   (2) $y = 3x + 3$；

(3) $y = \ln x$；   (4) $y = \mathrm{e}^x$.

2. 自变量 x 在怎样的变化过程中，下列函数为无穷大：

(1) $y = \dfrac{1}{x + 1}$；   (2) $y = 3x + 3$；

(3) $y = \ln x$；   (4) $y = \mathrm{e}^x$.

3. 求下列函数的极限：

(1) $\lim\limits_{x\to 1}\dfrac{2x-3}{x^2-5x+4}$；

(2) $\lim\limits_{x\to 0}x\sin\dfrac{1}{x}$；

(3) $\lim\limits_{x\to 0}\dfrac{\sin 3x}{2x}$；

(4) $\lim\limits_{x\to 0}\dfrac{\tan 5x}{\tan 2x}$；

(5) $\lim\limits_{x\to 0}\dfrac{\mathrm{e}^x-1}{2x}$；

(6) $\lim\limits_{x\to 0}\dfrac{\arctan 5x}{2x}$.

*4. 证明当 $x\to 0$ 时，$x^2-3x^3\sim x^2$.

*§1-5 函数的连续性

📖 学习目标

1. 理解连续的定义，了解左、右连续；
2. 掌握间断点的分类及判定方法；
3. 理解初等函数的连续性；
4. 掌握闭区间上的连续函数的性质.

😀 学习重点

1. 连续的定义；
2. 间断点的分类及判定；
3. 闭区间上的连续函数的性质.

🧩 学习难点

1. 左、右连续的概念；
2. 利用零点定理判定根的情况.

一、连续与间断

1. 连续的定义

定义 1-5-1 设函数 $f(x)$ 在点 x_0 的某个邻域内有定义，若当自变量的增量 $\Delta x=x-x_0$ 趋于零时，对应的函数增量也趋于零，即

$$\lim_{\Delta x\to 0}\Delta y=\lim_{\Delta x\to 0}[f(x_0+\Delta x)-f(x_0)]=0,$$

则称函数 $f(x)$ 在点 x_0 处连续，或称 x_0 是 $f(x)$ 的一个连续点（见图 1-5-1）.

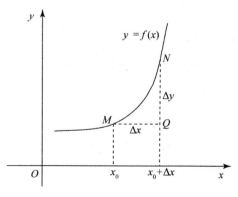

图 1-5-1

定义 1-5-2　若 $\lim\limits_{x \to x_0} f(x) = f(x_0)$，则称函数 $f(x)$ 在点 x_0 处连续.

函数 $f(x)$ 在点 x_0 处连续，必须同时满足以下三个条件：

(1) $f(x)$ 在点 x_0 的一个邻域内有定义；

(2) $\lim\limits_{x \to x_0} f(x)$ 存在；

(3) 上述极限值等于函数值 $f(x_0)$.

2. 左、右连续的定义

定义 1-5-3　设函数 $y = f(x)$ 在点 x_0 及其左侧附近有定义，若 $\lim\limits_{x \to x_0^-} f(x) = f(x_0)$，则称函数 $f(x)$ 在点 x_0 处左连续. 相应地，设函数 $y = f(x)$ 在点 x_0 及其右侧附近有定义，若 $\lim\limits_{x \to x_0^+} f(x) = f(x_0)$，则称函数 $f(x)$ 在点 x_0 处右连续. 若函数 $y = f(x)$ 在点 x_0 处既左连续又右连续，则称函数 $f(x)$ 在点 x_0 处连续.

若函数 $y = f(x)$ 在开区间 (a,b) 内每一点都连续，则称函数在开区间 (a,b) 内连续. 若函数 $y = f(x)$ 在开区间 (a,b) 内连续，且在左端点 a 处右连续，在右端点 b 处左连续，则称函数在闭区间 $[a,b]$ 上连续.

说明：

连续函数的图形是一条连绵不断的曲线.

3. 间断点的定义

定义 1-5-4　若函数 $f(x)$ 在点 x_0 处不连续，则称函数 $f(x)$ 在点 x_0 处间断，称 x_0 为函数 $f(x)$ 的间断点.

函数 $f(x)$ 在点 x_0 处间断，只要有下列三种情形中的一个条件符合即可：

(1) 函数 $f(x)$ 在点 x_0 处没有定义；

(2) 虽然函数 $f(x)$ 在点 x_0 处有定义，但是极限 $\lim\limits_{x \to x_0} f(x)$ 不存在；

(3) 虽然极限 $\lim\limits_{x \to x_0} f(x)$ 存在，$f(x_0)$ 也有定义，但是 $\lim\limits_{x \to x_0} f(x) \neq f(x_0)$.

通常把间断点分为两类：设 x_0 为函数 $f(x)$ 的间断点，如果单侧极限 $\lim\limits_{x \to x_0^-} f(x)$ 及 $\lim\limits_{x \to x_0^+} f(x)$ 都存在，则称 x_0 为第一类间断点；如果单侧极限 $\lim\limits_{x \to x_0^-} f(x)$ 及 $\lim\limits_{x \to x_0^+} f(x)$ 中至少有一个不存在，则称 x_0 为第二类间断点.

【例 1-5-1】　设 $f(x) = \begin{cases} 3x^2, & x \leqslant 1 \\ x-1, & x > 1 \end{cases}$，讨论 $f(x)$ 在 $x = 1$ 处的连续性.

解　因为 $\lim\limits_{x \to 1^-} f(x) = \lim\limits_{x \to 1^-} 3x^2 = 3$，$\lim\limits_{x \to 1^+} f(x) = \lim\limits_{x \to 1^+} (x-1) = 0$，即 $\lim\limits_{x \to 1} f(x)$ 不存在，所以 $x = 1$ 是第一类间断点.

【例 1-5-2】　设 $f(x) = \begin{cases} \dfrac{x^3}{x}, & x \neq 0 \\ 1, & x = 0 \end{cases}$，讨论 $f(x)$ 在 $x = 0$ 处的连续性.

解　因为 $\lim\limits_{x \to 0} f(x) = \lim\limits_{x \to 0} \dfrac{x^3}{x} = 0$，且 $f(0) = 1$，即 $\lim\limits_{x \to 0} f(x) \neq f(0)$，所以 $x = 0$ 是 $f(x)$

的第一类间断点.

【例 1-5-3】 讨论函数 $f(x) = \dfrac{x^2 + 2x + 5}{x - 1}$ 在点 $x = 1$ 处的连续性.

解　因为 $f(x)$ 在 $x = 1$ 处没有定义,并且 $\lim\limits_{x \to 1} f(x) = \infty$,所以左、右极限都不存在,所以 $x = 1$ 是函数 $f(x)$ 的第二类间断点.

二、连续函数的性质

性质 1-5-1　有限个连续函数的和、差、积、商(分母不为零)也是连续函数.

性质 1-5-2　有限个连续函数的复合函数也是连续函数.

设有复合函数 $y = f[\varphi(x)]$,若 $\lim\limits_{x \to x_0} \varphi(x) = a$,而函数 $f(u)$ 在 $u = a$ 点连续,则

$$\lim_{x \to x_0} f[\varphi(x)] = f[\lim_{x \to x_0} \varphi(x)] = f(a).$$

【例 1-5-4】　求极限 $\lim\limits_{x \to +\infty} \arccos(\sqrt{x^2 + x} - x)$.

解　原式 $= \arccos[\lim\limits_{x \to +\infty} (\sqrt{x^2 + x} - x)]$

$$= \arccos\left[\lim_{x \to +\infty} \frac{(\sqrt{x^2 + x} - x)(\sqrt{x^2 + x} + x)}{(\sqrt{x^2 + x} + x)}\right]$$

$$= \arccos\left(\lim_{x \to +\infty} \frac{x}{\sqrt{x^2 + x} + x}\right)$$

$$= \arccos\left(\lim_{x \to +\infty} \frac{1}{\sqrt{1 + \dfrac{1}{x}} + 1}\right)$$

$$= \arccos \frac{1}{2} = \frac{\pi}{3}.$$

性质 1-5-3(初等函数的连续性)　一切初等函数在其定义区间内都是连续的.

求初等函数在其定义区间内某点的极限时,只要求出该点的函数值即可. 即对于初等函数 $f(x)$ 在其定义区间的任一点 x_0 处,都有 $\lim\limits_{x \to x_0} f(x) = f(x_0)$.

【例 1-5-5】　求极限 $\lim\limits_{x \to \frac{\pi}{2}} [\ln(\sin x)]$.

解　因为 $\ln(\sin x)$ 在 $x = \dfrac{\pi}{2}$ 处连续,所以有

$$\lim_{x \to \frac{\pi}{2}} [\ln(\sin x)] = \ln\left(\sin \frac{\pi}{2}\right) = \ln 1 = 0.$$

定理 1-5-1(最值存在定理)　若函数 $f(x)$ 在 $[a, b]$ 上连续,则它在 $[a, b]$ 上一定有最大值 M 和最小值 m(见图 1-5-2). 也就是说,存在 $\xi, \eta \in [a, b]$,使得对一切 $x \in [a, b]$,有不等式 $m \leqslant f(x) \leqslant M$ 成立.

定理 1-5-2(零点定理)　若函数 $f(x)$ 在 $[a, b]$ 上连续,且 $f(a) \cdot f(b) < 0$,则在

(a,b) 内至少存在函数 $f(x)$ 的一个零点(见图 1-5-3),即至少存在一点 $\xi(a<\xi<b)$,使得 $f(\xi)=0$.

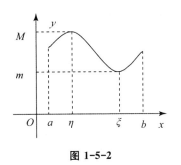

图 1-5-2

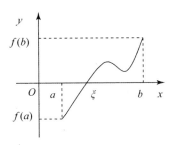

图 1-5-3

定理 1-5-3(介值定理)　如果函数 $f(x)$ 在 $[a,b]$ 上连续,m 和 M 分别为 $f(x)$ 在 $[a,b]$ 上的最小值与最大值,那么对介于 m 与 M 之间的任意一个数 C,在 (a,b) 内至少存在一点 $\xi(a<\xi<b)$,使得 $f(\xi)=C$.

【例 1-5-6】　证明方程 $\sin x-x+1=0$ 在 0 与 π 之间有实根.

证　设 $f(x)=\sin x-x+1$,因为 $f(x)$ 在 $(-\infty,+\infty)$ 内连续,所以 $f(x)$ 在 $[0,\pi]$ 上也连续,而 $f(0)=1>0$,$f(\pi)=-\pi+1<0$,所以,据定理 1-5-2 知,至少有一个 $\xi\in(0,\pi)$,使得 $f(\xi)=0$,即方程 $\sin x-x+1=0$ 在 0 与 π 之间至少有一个实根.

▶▶▶▶ 习题 1-5 ◀◀◀◀

1. 设 $f(x)=\begin{cases}2x^{2}, & x\leqslant 1\\ x+1, & x>1\end{cases}$,讨论 $f(x)$ 在 $x=1$ 处的连续性.

2. 设 $f(x)=\begin{cases}\dfrac{x^{4}}{2x}, & x\neq 0\\ 2, & x=0\end{cases}$,讨论 $f(x)$ 在 $x=0$ 处的连续性.

3. 问 a 为何值时,函数 $f(x)=\begin{cases}\dfrac{x^{2}-1}{x-1}, & x\neq 1\\ a, & x=1\end{cases}$ 在 $x=1$ 处连续.

4. 找出函数 $f(x)=\dfrac{x^{2}-1}{x^{2}-3x+2}$ 的间断点,并指出其类型.

5. 计算极限 $\lim\limits_{x\to 0}\dfrac{\ln(1+4x)}{x}$.

6. 证明方程 $x^{5}-5x-1=0$ 在区间 $(1,2)$ 内至少有一个根.

第 1 章自测题

（总分 100 分，时间 90 分钟）

一、判断题（对的打"√"，错的打"×"，每小题 2 分，共 20 分）

1. 函数 $y = x$ 与 $y = (\sqrt{x})^2$ 是同一个函数.   （　　）

2. 复合函数 $y = \tan(2x - 1)$ 可以分解为 $y = \tan u$ 和 $u = 2x - 1$.   （　　）

3. 函数 $y = \dfrac{\arcsin(2x + 4)}{3x} - \ln 5x + \sqrt{x}$ 是初等函数.   （　　）

4. 函数 $y = 1 + x^2 - 4x^3$ 为奇函数.   （　　）

5. 若函数 $f(x)$ 在 x_0 点有定义，则 $\lim\limits_{x \to x_0} f(x)$ 必存在.   （　　）

6. 函数 $y = \dfrac{1}{x^2 + 2x}$ 在点 $x = 0$ 处间断.   （　　）

7. $-100^{10000000}$ 是无穷大量.   （　　）

8. 有界函数与无穷小量的乘积是无穷小量.   （　　）

*9. 当 $x \to 0$ 时，$\arcsin x$ 与 π 是等价无穷小.   （　　）

10. $\lim\limits_{x \to \infty} \left(1 - \dfrac{1}{x}\right)^x = \mathrm{e}$.   （　　）

二、选择题（每小题 2 分，共 10 分）

1. 极限 $\lim\limits_{x \to 1}(2x + 4)$ 的值为   （　　）

A. 2   B. 4   C. 6   D. 8

2. 极限 $\lim\limits_{x \to 0} \dfrac{\sin 3x}{2x}$ 的值为   （　　）

A. 0   B. $\dfrac{2}{3}$ C. $\dfrac{3}{2}$ D. ∞

3. 当 $x \to \infty$ 时，下列函数为无穷小量的是   （　　）

A. $2x + 3$ B. $\dfrac{1}{4x - 3}$ C. $\sin 2x$ D. $\ln|x|$

4. 若函数 $f(x) = \dfrac{|x| - x}{4x}$，则 $\lim\limits_{x \to 0} f(x) =$ （　　）

A. 不存在   B. $-\dfrac{1}{2}$ C. $\dfrac{1}{2}$ D. 0

5. 当 $x \to 0$ 时，$x^3 \sin \dfrac{1}{x}$ 是   （　　）

A. 有界函数   B. 无界函数   C. 无穷大量   D. 无穷小量

三、填空题（每小题 2 分，共 20 分）

1. 函数 $y = \ln(x - 4)$ 的定义域为 _____.

2. 若函数 $f(x) = \begin{cases} 2x-3, & x \geqslant 0 \\ \cos 4x, & x < 0 \end{cases}$,则 $f(2) = \underline{\hspace{2cm}}$.

3. 若函数 $f(x) = \dfrac{2x}{1+x}$,则 $f(1-2x) = \underline{\hspace{2cm}}$.

4. 极限 $\lim\limits_{x \to 5} \dfrac{x^2-25}{x-5} = \underline{\hspace{2cm}}$.

5. 极限 $\lim\limits_{x \to 0} x \cos \dfrac{1}{x} = \underline{\hspace{2cm}}$.

6. 极限 $\lim\limits_{x \to 0} (1+4x)^{\frac{1}{x}} = \underline{\hspace{2cm}}$.

7. 由函数 $y = \lg u, u = 4x - 3$ 复合而成的函数为 $\underline{\hspace{2cm}}$.

8. 若函数 $f(x) = \begin{cases} 5x+3, & x \neq 0 \\ \sin 4x, & x = 0 \end{cases}$,则 $\lim\limits_{x \to 0} f(x) = \underline{\hspace{2cm}}$.

9. 函数 $f(x) = \begin{cases} 4-x, & x \geqslant 1 \\ 2+x, & x < 1 \end{cases}$ 在 $x = 1$ 处的极限 $\underline{\hspace{2cm}}$.

*10. 函数 $y = \dfrac{x+2}{x^2-x-6}$ 的第一类间断点是 $x = \underline{\hspace{2cm}}$.

四、计算与解答题(共 50 分)

1. 求下列函数的极限(每小题 5 分,共 30 分):

(1) $\lim\limits_{x \to -1} \dfrac{2x^2-3x+5}{x^2+1}$;

(2) $\lim\limits_{x \to 2} \dfrac{x^2-4}{x-2}$;

(3) $\lim\limits_{x \to \infty} \dfrac{4x^2-5x+7}{x^2+x-4}$;

(4) $\lim\limits_{x \to \infty} \left(1-\dfrac{2}{x}\right)^{3x}$;

(5) $\lim\limits_{x \to 0} \dfrac{\sin 5x}{\sin 2x}$;

(6) $\lim\limits_{x \to 0} \dfrac{\sqrt{16+x}-4}{\sin x}$.

*2. 设函数 $f(x) = \begin{cases} x^2 \sin \dfrac{1}{x}, & x > 0 \\ a - 4x, & x \leqslant 0 \end{cases}$,试确定 a 值,使 $f(x)$ 在 $(-\infty, +\infty)$ 内连续

(8 分).

*3. 讨论函数 $f(x) = \begin{cases} 2+x^2, & x \geqslant 0 \\ 2-x^2, & x < 0 \end{cases}$ 在 $x = 0$ 处的连续性(6 分).

*4. 证明方程 $x^5 - 3x - 2 = 0$ 在 $(1,2)$ 内至少有一个实根(6 分).

第2章 导数与微分

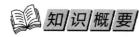 知识概要

基本概念：导数、左/右导数、变化率、切线、高阶导数、隐函数、参数方程、线性主部、微分.

基本公式：基本导数公式、求导法则、微分公式、微分法则、微分近似公式.

基本方法：利用导数定义求导数、利用导数公式与求导法则求导数、利用复合函数求导法则求导数、隐函数微分法、参数方程微分法、对数求导法、利用微分运算法则求微分与导数.

§2-1 导数的概念

学习目标

1. 掌握导数的概念,会用定义求函数在某一点处的导数;
2. 理解导数的几何意义;
3. 掌握导数与左/右导数、可导与连续的关系;
4. 会求曲线上某一点处的切线方程和法线方程.

学习重点

1. 导数的概念及几何意义;
2. 导数与左/右导数、可导与连续的关系;
3. 切线方程和法线方程.

学习难点

1. 用定义求函数在某一点处的导数;
2. 导数与左/右导数、可导与连续的关系.

一、导数的概念

1. 导数的定义

定义 2-1-1　设函数 $y = f(x)$ 在点 x_0 的某一邻域内有定义, 当自变量 x 在点 x_0 处有增量 $\Delta x(\Delta x \neq 0)$, 且 $x_0 + \Delta x$ 仍在该邻域内时, 相应地, 函数有增量 $\Delta y = f(x_0 + \Delta x) - f(x_0)$. 若极限

$$\lim_{\Delta x \to 0} \frac{\Delta y}{\Delta x} = \lim_{\Delta x \to 0} \frac{f(x_0 + \Delta x) - f(x_0)}{\Delta x}$$

存在, 则称 $f(x)$ 在点 x_0 处可导, 并称此极限值为 $f(x)$ 在点 x_0 处的导数, 记为 $f'(x_0)$, 也可记为 $y'(x_0)$、$y'\big|_{x=x_0}$、$\dfrac{\mathrm{d}y}{\mathrm{d}x}\big|_{x=x_0}$ 或 $\dfrac{\mathrm{d}f}{\mathrm{d}x}\big|_{x=x_0}$, 即

$$f'(x_0) = \lim_{\Delta x \to 0} \frac{\Delta y}{\Delta x} = \lim_{\Delta x \to 0} \frac{f(x_0 + \Delta x) - f(x_0)}{\Delta x}.$$

若极限不存在, 则称 $y = f(x)$ 在点 x_0 处不可导.

若固定 x_0, 令 $x_0 + \Delta x = x$, 则当 $\Delta x \to 0$ 时, 有 $x \to x_0$, 所以函数 $f(x)$ 在点 x_0 处的导数 $f'(x_0)$ 也可表示为

$$f'(x_0) = \lim_{x \to 0} \frac{f(x) - f(x_0)}{x - x_0}.$$

2. 左导数与右导数

函数 $f(x)$ 在点 x_0 处的左导数为

$$f'_-(x_0) = \lim_{\Delta x \to 0^-} \frac{\Delta y}{\Delta x} = \lim_{\Delta x \to 0^-} \frac{f(x_0 + \Delta x) - f(x_0)}{\Delta x}.$$

函数 $f(x)$ 在点 x_0 处的右导数为

$$f'_+(x_0) = \lim_{\Delta x \to 0^+} \frac{\Delta y}{\Delta x} = \lim_{\Delta x \to 0^+} \frac{f(x_0 + \Delta x) - f(x_0)}{\Delta x}.$$

说明:

函数 $f(x)$ 在点 x_0 处可导的充分必要条件是 $f(x)$ 在点 x_0 处的左导数和右导数都存在且相等.

定理 2-1-1　若函数 $y = f(x)$ 在点 x_0 处及其附近有定义, 则

$$f'(x_0) \text{ 存在} \Leftrightarrow f'_-(x_0), f'_+(x_0) \text{ 都存在}, 且 f'_-(x_0) = f'_+(x_0).$$

3. 导函数

若函数 $y = f(x)$ 在区间 I 上每一点处都可导, 则对区间 I 内每一个 x, 都有 $f(x)$ 的一个导数值 $f'(x)$ 与之对应. 这样就得到一个定义在 I 上的函数, 称为函数 $y = f(x)$ 的导函数, 记作 $f'(x)$、y' 或 $\dfrac{\mathrm{d}y}{\mathrm{d}x}$, 即

$$f'(x) = \lim_{\Delta x \to 0} \frac{\Delta y}{\Delta x} = \lim_{\Delta x \to 0} \frac{f(x + \Delta x) - f(x)}{\Delta x}.$$

说明:

函数在点 x_0 处的导数就是导函数在点 x_0 的函数值. 导数值是一个确定的数,与所给函数以及 x_0 的值有关,而与 Δx 无关. 今后在不发生混淆的情况下,我们指的导数其实就是导函数.

【**例 2-1-1**】 求常数函数 $f(x) = C(C$ 为常数$)$ 的导数.

解 $f'(x) = \lim\limits_{\Delta x \to 0} \dfrac{f(x+\Delta x)-f(x)}{\Delta x} = \lim\limits_{\Delta x \to 0} \dfrac{C-C}{\Delta x} = 0,$

即 $$(C)' = 0.$$

【**例 2-1-2**】 求函数 $f(x) = \sin x$ 的导数.

解 $f'(x) = \lim\limits_{\Delta x \to 0} \dfrac{\Delta y}{\Delta x} = \lim\limits_{\Delta x \to 0} \dfrac{\sin(x+\Delta x)-\sin x}{\Delta x}$

$$= \lim\limits_{\Delta x \to 0} \frac{2\cos\left(x+\dfrac{\Delta x}{2}\right)\cdot \sin\dfrac{\Delta x}{2}}{\Delta x}$$

$$= \lim\limits_{\Delta x \to 0}\cos\left(x+\frac{\Delta x}{2}\right)\cdot \lim\limits_{\Delta x \to 0} \frac{\sin\dfrac{\Delta x}{2}}{\dfrac{\Delta x}{2}}$$

$$= \cos x.$$

类似地,可得

$$(\cos x)' = -\sin x.$$

【**例 2-1-3**】 求函数 $f(x) = a^x(a > 0$ 且 $a \neq 1)$ 的导数.

解 $f'(x) = \lim\limits_{\Delta x \to 0} \dfrac{f(x+\Delta x)-f(x)}{\Delta x} = \lim\limits_{\Delta x \to 0} \dfrac{a^{x+\Delta x}-a^x}{\Delta x}$

$$= a^x \lim\limits_{\Delta x \to 0} \frac{a^{\Delta x}-1}{\Delta x} = a^x \ln a.$$

其中极限 $\lim\limits_{\Delta x \to 0} \dfrac{a^{\Delta x}-1}{\Delta x}$ 用等价无穷小替换计算:

$$\lim\limits_{\Delta x \to 0} \frac{a^{\Delta x}-1}{\Delta x} = \lim\limits_{\Delta x \to 0} \frac{e^{\Delta x \ln a}-1}{\Delta x} = \lim\limits_{\Delta x \to 0} \frac{\Delta x \ln a}{\Delta x} = \ln a.$$

【**例 2-1-4**】 求函数 $f(x) = x^n(n \in \mathbf{N}^+)$ 的导数.

解 $f'(x) = \lim\limits_{\Delta x \to 0} \dfrac{f(x+\Delta x)-f(x)}{\Delta x} = \lim\limits_{\Delta x \to 0} \dfrac{(x+\Delta x)^n - x^n}{\Delta x}$

$$= \lim\limits_{\Delta x \to 0} \frac{C_n^1 x^{n-1}\Delta x + C_n^2 x^{n-2}(\Delta x)^2 + \cdots + (\Delta x)^n}{\Delta x} = nx^{n-1},$$

即 $$(x^n)' = nx^{n-1}.$$

一般地,对于幂函数 $y = x^\mu(\mu \in \mathbf{R}$ 且 $x \neq 0)$,有

$$(x^\mu)' = \mu x^{\mu-1},$$

$$(Cx^\mu)' = C\mu x^{\mu-1} \quad (\text{常数 } C \in \mathbf{R}).$$

【**例 2-1-5**】 求函数 $y = x^4\sqrt{x}$ 在 $x = 0$ 处的导数.

解　由导数的定义知：

$$y' \Big|_{x=0} = \lim_{\Delta x \to 0} \frac{f(0 + \Delta x) - f(0)}{\Delta x} = \lim_{\Delta x \to 0} \frac{(\Delta x)^4 \sqrt{\Delta x} - 0}{\Delta x}$$

$$= \lim_{\Delta x \to 0} (\Delta x)^3 \sqrt{\Delta x} = 0.$$

二、导数的几何意义

根据导数的定义，可导函数在某一点处的导数值，就是函数曲线在相应点处的切线斜率，即

$$f'(x_0) = k.$$

因此，根据直线的点斜式方程，可得曲线 $y = f(x)$ 在点 (x_0, y_0) 的切线方程为

$$y - y_0 = f'(x_0)(x - x_0).$$

曲线 $y = f(x)$ 在点 (x_0, y_0) 的法线方程为

$$y - y_0 = -\frac{1}{f'(x_0)}(x - x_0).$$

【例 2-1-6】　求抛物线 $y = x^2$ 在点 $(1, 1)$ 处的切线方程和法线方程.

解　因为 $y' = (x^2)' = 2x$，由导数的几何意义知，曲线 $y = x^2$ 在点 $(1, 1)$ 处的切线斜率为

$$k = y' \Big|_{x=1} = 2x \Big|_{x=1} = 2.$$

所以，所求的切线方程为 $y - 1 = 2(x - 1)$，即

$$y = 2x - 1.$$

法线方程为 $y - 1 = -\frac{1}{2}(x - 1)$，即

$$y = -\frac{1}{2}x + \frac{3}{2}.$$

三、可导与连续的关系

设函数 $y = f(x)$ 在点 x 处可导，有 $\lim\limits_{\Delta x \to 0} \dfrac{\Delta y}{\Delta x} = f'(x)$，根据函数的极限与无穷小的关系，可得

$$\frac{\Delta y}{\Delta x} = f'(x) + \alpha(\Delta x).$$

其中 $\alpha(\Delta x)$ 是 $\Delta x \to 0$ 的无穷小，两端各乘以 Δx，即得

$$\Delta y = f'(x)\Delta x + \alpha(\Delta x)\Delta x,$$

由此可见

$$\lim_{\Delta x \to 0} \Delta y = 0.$$

这就是说，$y = f(x)$ 在点 x 处连续. 也即，如果函数 $y = f(x)$ 在 x 处可导，那么在 x 处必连续. 但反过来不一定成立，即在 x 处连续的函数未必在 x 处可导. 例如，函数 $y = |x| = \begin{cases} x, & x \geqslant 0, \\ -x, & x < 0 \end{cases}$ 显然在 $x = 0$ 处连续，但是在该点不可导. 因为

$$\Delta y = f(0 + \Delta x) - f(x) = |\Delta x|,$$

所以在 $x = 0$ 处的右导数为

$$f'_+(0) = \lim_{\Delta x \to 0^+} \frac{\Delta y}{\Delta x} = \lim_{\Delta x \to 0^+} \frac{|\Delta x|}{\Delta x} = \lim_{\Delta x \to 0^+} \frac{\Delta x}{\Delta x} = 1.$$

而左导数为

$$f'_-(0) = \lim_{\Delta x \to 0^-} \frac{\Delta y}{\Delta x} = \lim_{\Delta x \to 0^-} \frac{|\Delta x|}{\Delta x} = \lim_{\Delta x \to 0^-} \frac{-\Delta x}{\Delta x} = -1.$$

左右导数不相等，故函数在该点不可导. 所以，函数连续是可导的必要条件而不是充分条件.

▶▶▶▶ 习题 2-1 ◀◀◀◀

1. 设函数 $f(x) = 4x^2$，利用导数定义求 $f'(-1)$.

2. 设函数 $f(x) = \sqrt{x} + 4$，利用导数定义求 $f'(x)$ 及 $f'(2)$.

3. 求曲线 $y = \cos x$ 在点 $\left(\frac{\pi}{3}, \frac{1}{2}\right)$ 处的切线方程和法线方程.

4. 求曲线 $y = \ln x$ 在点 $(e, 1)$ 处的切线方程和法线方程.

5. 设函数 $f(x) = \begin{cases} x^2, & x \geqslant 0 \\ -x, & x < 0 \end{cases}$，求 $f'_+(0)$ 及 $f'_-(0)$，并判定 $f'(0)$ 是否存在.

§2-2　导数的运算法则及基本公式

学习目标

1. 熟练掌握导数的四则运算法则；
2. 能利用四则运算法则和导数基本公式计算函数的导数.

学习重点

1. 导数的四则运算法则；
2. 基本初等函数的导数公式.

学习难点

利用四则运算法则和导数基本公式计算函数的导数.

一、导数的四则运算法则

若函数 $u = u(x)$ 和 $v = v(x)$ 在点 x 处可导,则其和、差、积、商(分母不为零) 在点 x 处也可导,且有如下四则运算法则.

法则 2-2-1 和、差的导数:$(u \pm v)' = u' \pm v'$.

法则 2-2-2 积的导数:$(uv)' = u'v + uv'$.

特别地,令 $v = C$ 可得:$(Cu)' = Cu'$ (C 为常数).

法则 2-2-3 商的导数 $\left(\dfrac{u}{v}\right)' = \dfrac{u'v - uv'}{v^2}$ ($v \neq 0$).

二、导数的基本公式

常数和基本初等函数的导数公式:

(1) $(C)' = 0$ (常数 $C \in \mathbf{R}$);

(2) $(x^{\mu})' = \mu x^{\mu-1}$ ($\mu \in \mathbf{R}$ 且 $x \neq 0$);

(3) $(a^x)' = a^x \ln a$ ($a > 0$ 且 $a \neq 1$);;

(4) $(\mathrm{e}^x)' = \mathrm{e}^x$

(5) $(\log_a x)' = \dfrac{1}{x \ln a}$ ($a > 0$ 且 $a \neq 1, x > 0$);

(6) $(\ln x)' = \dfrac{1}{x}$;

(7) $(\sin x)' = \cos x$;

(8) $(\cos x)' = -\sin x$;

(9) $(\tan x)' = \sec^2 x$ $\left(x \neq k\pi + \dfrac{\pi}{2}, k \in \mathbf{Z}\right)$;

(10) $(\cot x)' = -\csc^2 x$ ($x \neq k\pi, k \in \mathbf{Z}$);

(11) $(\sec x)' = \sec x \cdot \tan x$ $\left(x \neq k\pi + \dfrac{\pi}{2}, k \in \mathbf{Z}\right)$;

(12) $(\csc x)' = -\csc x \cdot \cot x$ ($x \neq k\pi, k \in \mathbf{Z}$);

(13) $(\arcsin x)' = \dfrac{1}{\sqrt{1 - x^2}}$ ($-1 < x < 1$);

(14) $(\arccos x)' = -\dfrac{1}{\sqrt{1 - x^2}}$ ($-1 < x < 1$);

(15) $(\arctan x)' = \dfrac{1}{1 + x^2}$;

(16) $(\mathrm{arccot} x)' = -\dfrac{1}{1 + x^2}$.

【例 2-2-1】 设函数 $y = 4x^3 - 5x^2 + 2x - 7$，求 y'.

解 $y' = (4x^3)' - (5x^2)' + (2x)' - (7)'$

$\quad = 12x^2 - 10x + 2.$

【例 2-2-2】 设函数 $y = x^3 \cos x$，求 y'.

解 $y' = (x^3)' \cos x + x^3 (\cos x)'$

$\quad = 3x^2 \cos x - x^3 \sin x.$

【例 2-2-3】 设函数 $y = \sqrt{x} \sin x + 5\ln x - \sin \frac{\pi}{7}$，求 y'.

解 $y' = (\sqrt{x})' \sin x + \sqrt{x} (\sin x)' + 5(\ln x)' - \left(\sin \frac{\pi}{7}\right)'$

$\quad = \frac{\sin x}{2\sqrt{x}} + \sqrt{x} \cos x + \frac{5}{x}.$

【例 2-2-4】 设函数 $y = \frac{x-1}{x+1}$，求 y'.

解 $y' = \frac{(x-1)'(x+1) - (x-1)(x+1)'}{(x+1)^2}$

$\quad = \frac{2}{(x+1)^2}.$

【例 2-2-5】 设函数 $y = \tan x$，求 y'.

解 $y' = (\tan x)' = \left(\frac{\sin x}{\cos x}\right)' = \frac{(\sin x)' \cos x - \sin x (\cos x)'}{\cos^2 x}$

$\quad = \frac{\cos^2 x + \sin^2 x}{\cos^2 x} = \frac{1}{\cos^2 x} = \sec^2 x.$

即 $$(\tan x)' = \sec^2 x.$$

用类似的方法可得：

$$(\cot x)' = -\csc^2 x.$$

【例 2-2-6】 设函数 $y = \sec x$，求 y'.

解 $y' = (\sec x)' = \left(\frac{1}{\cos x}\right)' = \frac{(1)' \cdot \cos x - 1 \cdot (\cos x)'}{\cos^2 x}$

$\quad = \frac{\sin x}{\cos^2 x} = \sec x \cdot \tan x.$

即 $$(\sec x)' = \sec x \cdot \tan x.$$

用类似的方法可求得

$$(\csc x)' = -\csc x \cdot \cot x.$$

▶▶▶▶ 习题 2-2 ◀◀◀◀

1. 求函数 $y = 4x^3 - 5^x + 6e^x$ 的导数.

2. 求函数 $y = \frac{4}{x^3} + \frac{5}{x} - 18$ 的导数.

3. 求函数 $y = x^3 \arctan x$ 的导数.

4. 求函数 $y = 2\mathrm{e}^x \cos x$ 的导数.

5. 求函数 $y = \dfrac{\ln x}{x^2}$ 的导数.

6. 求函数 $y = x^4 \ln x \sin x$ 的导数.

§2-3 复合函数的求导法则与高阶导数

学习目标

1. 熟练掌握复合函数的求导法则;
2. 掌握高阶导数的概念,会求高阶导数.

学习重点

1. 复合函数的求导法则;
2. 高阶导数的计算.

学习难点

复合函数的求导法则.

一、复合函数的求导法则

设 $u = \varphi(x)$ 在点 x 处可导,而 $y = f(u)$ 在点 $u = \varphi(x)$ 处可导,则复合函数 $y = f[\varphi(x)]$ 在点 x 处也可导,且 $y' = f'(u)\varphi'(x) = f'[\varphi(x)]\varphi'(x)$,其简单的表示形式为

$$y' = y'_u \cdot u'_x.$$

其中,y' 省略右下标,默认是关于 x 求导.

【例 2-3-1】 求函数 $y = (2x-3)^4$ 的导数.

解 函数 $y = (2x-3)^4$ 可以看作由函数 $y = u^4$ 与 $u = 2x - 3$ 复合而成,因此

$$y' = y'_u \cdot u'_x = (u^4)'(2x-3)' = 8u^3 = 8(2x-3)^3.$$

【例 2-3-2】 求函数 $y = \cos\sqrt{x}$ 的导数.

解 函数 $y = \cos\sqrt{x}$ 可以看作由函数 $y = \cos u$ 与 $u = \sqrt{x}$ 复合而成,因此

$$y' = y'_u \cdot u'_x = (\cos u)'(\sqrt{x})' = -\sin u \frac{1}{2\sqrt{x}} = -\frac{\sin\sqrt{x}}{2\sqrt{x}}.$$

注意:

熟练后不必对复合函数进行分解,直接由外向内逐层求导即可.

【**例 2-3-3**】 求函数 $y = \ln\tan\dfrac{x}{2}$ 的导数.

解 $y' = \left(\ln\tan\dfrac{x}{2}\right)' = \dfrac{1}{\tan\dfrac{x}{2}}\left(\tan\dfrac{x}{2}\right)' = \dfrac{1}{\tan\dfrac{x}{2}}\sec^2\dfrac{x}{2}\cdot\left(\dfrac{x}{2}\right)'$

$$= \dfrac{\cos\dfrac{x}{2}}{\sin\dfrac{x}{2}}\cdot\dfrac{1}{\cos^2\dfrac{x}{2}}\cdot\dfrac{1}{2} = \dfrac{1}{\sin x} = \csc x.$$

【**例 2-3-4**】 求函数 $y = \ln(2x + \sqrt{1+x^2})$ 的导数.

解 $y' = \dfrac{1}{2x + \sqrt{1+x^2}}(2x + \sqrt{1+x^2})'$

$$= \dfrac{1}{2x + \sqrt{1+x^2}}\left(2 + \dfrac{1}{2\sqrt{1+x^2}}(1+x^2)'\right)$$

$$= \dfrac{1}{2x + \sqrt{1+x^2}}\left(2 + \dfrac{x}{\sqrt{1+x^2}}\right).$$

二、高阶导数

定义 2-3-1 如果函数 $y = f(x)$ 的导数 $y' = f'(x)$ 仍是 x 的可导函数,就称 $y' = f'(x)$ 的导数为函数 $y = f(x)$ 的二阶导数,记作 y'', f'' 或 $\dfrac{\mathrm{d}^2 y}{\mathrm{d}x^2}$, 即

$$y'' = (y')' = f''(x) \quad \text{或} \quad \dfrac{\mathrm{d}^2 y}{\mathrm{d}x^2} = \dfrac{\mathrm{d}}{\mathrm{d}x}\left(\dfrac{\mathrm{d}y}{\mathrm{d}x}\right).$$

类似地,二阶导数的导数叫作三阶导数,三阶导数的导数叫作四阶导数,…,一般地,函数 $f(x)$ 的 $n-1$ 阶导数的导数叫作 n 阶导数,分别记作 y''', $y^{(4)}$, …, $y^{(n)}$; $f'''(x)$, …, $f^{(4)}(x)$, …, $f^{(n)}(x)$; 或 $\dfrac{\mathrm{d}^3 y}{\mathrm{d}x^3}$, $\dfrac{\mathrm{d}^4 y}{\mathrm{d}x^4}$, …, $\dfrac{\mathrm{d}^n y}{\mathrm{d}x^n}$. 且有

$$y^{(n)} = \left[y^{(n-1)}\right]' \quad \text{或} \quad \dfrac{\mathrm{d}^n y}{\mathrm{d}x^n} = \dfrac{\mathrm{d}}{\mathrm{d}x}\left(\dfrac{\mathrm{d}^{(n-1)} y}{\mathrm{d}x^{n-1}}\right).$$

二阶及二阶以上的导数统称为高阶导数. 显然,求高阶导数并不需要新的方法,只要用前面学过的求导方法逐阶求导,直到所要求的阶数即可.

【**例 2-3-5**】 求函数 $y = \mathrm{e}^{-x}\cos x$ 的二阶及三阶导数.

解 $y' = -\mathrm{e}^{-x}\cos x + \mathrm{e}^{-x}(-\sin x) = -\mathrm{e}^{-x}(\cos x + \sin x)$;

$y'' = \mathrm{e}^{-x}(\cos x + \sin x) - \mathrm{e}^{-x}(-\sin x + \cos x) = 2\mathrm{e}^{-x}\sin x$;

$y''' = -2\mathrm{e}^{-x}\sin x + 2\mathrm{e}^{-x}\cos x = 2\mathrm{e}^{-x}(\cos x - \sin x).$

【**例 2-3-6**】 求函数 $y = \sin x$ 的 n 阶导数.

解 $y' = \cos x = \sin\left(\dfrac{\pi}{2} + x\right)$;

$$y'' = \cos\left(\frac{\pi}{2} + x\right) = \sin\left(2 \cdot \frac{\pi}{2} + x\right);$$

$$y''' = \cos\left(2 \cdot \frac{\pi}{2} + x\right) = \sin\left(3 \cdot \frac{\pi}{2} + x\right);$$

$$\vdots$$

$$y^{(n)} = \sin\left(\frac{n\pi}{2} + x\right).$$

用类似的方法可得：

$$(\cos x)^{(n)} = \cos\left(\frac{n\pi}{2} + x\right).$$

【例 2-3-7】　求函数 $y = x^n$ 的各阶导数.

解　$y' = nx^{n-1}, y'' = n(n-1)x^{n-2}, y''' = n(n-1)(n-2)x^{n-3}$,则有：

当 $k \leqslant n$ 时, $y^{(k)} = (x^n)^{(k)} = \dfrac{n!}{(n-k)!} x^{n-k}$;

当 $k > n$ 时, $y^{(k)} = 0$.

▶▶▶▶ 习题 2-3 ◀◀◀◀

1. 求下列函数的导数：

(1) $y = (2x+3)^4$;　　　　　　(2) $y = \sin(4-3x)$;

(3) $y = \mathrm{e}^{-3x^2}$;　　　　　　　(4) $y = \ln(2+x^4)$;

(5) $y = \cos^4 x$;　　　　　　　(6) $y = \sqrt{a^2 - x^2}$;

(7) $y = (\arcsin 4x)^3$;　　　　　(8) $y = \ln\sin 4x$.

2. 求下列函数的二阶导数：

(1) $y = x^3 - 2\mathrm{e}^x + 4$;　　　　(2) $y = \cos x - \sin x$.

3. 设函数 $y = (x+3)^5$, 求 y''' 及 $y'''\big|_{x=1}$.

*§2-4　隐函数及参数方程确定的函数的求导法则

📖 学习目标

1. 掌握隐函数的求导法则；
2. 掌握对数求导法则；
3. 掌握反函数的求导法则；
4. 掌握参数方程的求导法则.

👥 学习重点

1. 隐函数的求导法则；

2. 参数方程的求导法则.

学习难点

1. 对数求导法则；
2. 反函数的求导法则.

一、隐函数的求导法则

1. 隐函数的定义

定义 2-4-1 如果变量 x,y 之间的对应规律是把 y 直接表示成关于 x 的解析式，即 $y = f(x)$ 的形式，这样的函数，称为显函数.

如果能从方程 $F(x,y) = 0$ 确定 y 为 x 的函数 $y = f(x)$，则称 $y = f(x)$ 为由方程 $F(x,y) = 0$ 所确定的隐函数.

2. 隐函数的求导法则

设 $y = f(x)$ 是由方程 $F(x,y) = 0$ 所确定的隐函数，对方程 $F(x,y) = 0$ 两边分别关于 x 求导. 在求导过程中，因为 y 是一个关于 x 的函数，所以视 y 为中间变量，运用复合函数求导法可得 y'.

【例 2-4-1】 求由方程 $2x^3 + y^2 - \sin y = 0 \left(0 \leqslant y \leqslant \dfrac{\pi}{2}, x \geqslant 0\right)$ 所确定的隐函数的导数.

解 方程两边同时对 x 求导. 要注意的是，方程中的 y 是 x 的函数，所以 y^2 和 $\sin y$ 都是 x 的复合函数，于是得

$$6x^2 + 2yy' - \cos y \cdot y' = 0,$$

所以
$$y' = \frac{6x^2}{\cos y - 2y}.$$

【例 2-4-2】 求由方程 $xy - 2e^x + 3e^y = 0$ 所确定的隐函数的导数.

解 方程两边同时对 x 求导. 方程中的 y 是 x 的函数，于是得

$$y + xy' - 2e^x + 3e^y y' = 0,$$

所以
$$y' = \frac{2e^x - y}{x + 3e^y} \quad (x + 3e^y \neq 0).$$

【例 2-4-3】 求曲线 $3y^2 = x^2(x+1)$ 在点 $(2,2)$ 处的切线方程.

解 方程两边对 x 求导，可得 $6yy' = 3x^2 + 2x$，于是得

$$y' = \frac{3x^2 + 2x}{6y} \quad (y \neq 0),$$

所以斜率 $k = y'\Big|_{(2,2)} = \dfrac{4}{3}$，从而所求切线方程为

$$y - 2 = \frac{4}{3}(x - 2),$$

即
$$4x - 3y - 2 = 0.$$

二、对数求导法

对数求导法：先对等式两边取对数，然后在方程两边分别对 x 求导，运用隐函数求导法可得 y'.

注意：

这种方法通常用于积、商、幂形式的函数的求导.

【例 2-4-4】　设函数 $y = (x-1)\sqrt[3]{(3x+2)^2(x-3)}$，求 y'.

解　先在等式两边取绝对值，再取对数，得

$$\ln|y| = \ln|x-1| + \frac{2}{3}\ln|3x+2| + \frac{1}{3}\ln|x-3|,$$

两边对 x 求导，得

$$\frac{1}{y}y' = \frac{1}{x-1} + \frac{2}{3} \cdot \frac{3}{3x+2} + \frac{1}{3} \cdot \frac{1}{x-3},$$

所以

$$y' = y \cdot \left[\frac{1}{x-1} + \frac{2}{3x+1} + \frac{1}{3(x-2)} \right]$$

$$= (x-1)\sqrt[3]{(3x+1)^2(x-2)} \left[\frac{1}{x-1} + \frac{2}{3x+1} + \frac{1}{3(x-2)} \right].$$

【例 2-4-5】　设函数 $y = x^{\sin x}\ (x > 0)$，求 y'.

解　先在等式两边取对数，得

$$\ln y = \sin x \ln x,$$

两边对 x 求导，得

$$\frac{1}{y}y' = \cos x \ln x + \frac{\sin x}{x},$$

所以

$$y' = y\left(\cos x \ln x + \frac{\sin x}{x}\right) = x^{\sin x}\left(\cos x \ln x + \frac{\sin x}{x}\right).$$

三、反函数求导法则

若函数 $x = f(y)$ 在区间 I_y 内单调、可导，且 $f'(y) \neq 0$，则它的反函数 $y = f^{-1}(x)$ 在区间 $I_x = \{x \mid x = f(y), y \in I_y\}$ 内也可导，且反函数的导数与其原函数的导数是互为倒数关系，即

$$\left[f^{-1}(x)\right]'_x = \frac{1}{\left[f(y)\right]'_y},$$

简单的表示形式为

$$y'_x = \frac{1}{x'_y},$$

即反函数的导数等于其原函数导数的倒数.

【例 2-4-6】 求函数 $y = a^x (a > 0, a \neq 1)$ 的导数.

解 因为 $y = a^x$ 是 $x = \log_a y$ 的反函数,且 $x = \log_a y$ 在 $(0, +\infty)$ 内单调、可导,又因为 $\dfrac{\mathrm{d}x}{\mathrm{d}y} = \dfrac{1}{y \ln a} \neq 0$,所以

$$y' = \frac{1}{\dfrac{\mathrm{d}x}{\mathrm{d}y}} = y \ln a = a^x \ln a,$$

即

$$(a^x)' = a^x \ln a.$$

特别地,有

$$(\mathrm{e}^x)' = \mathrm{e}^x.$$

【例 2-4-7】 求函数 $y = \arcsin x$ 的导数.

解 因为 $y = \arcsin x$ 是 $x = \sin y$ 的反函数,且 $x = \sin y$ 在 $\left(-\dfrac{\pi}{2}, \dfrac{\pi}{2}\right)$ 内单调、可导,又因为 $\dfrac{\mathrm{d}x}{\mathrm{d}y} = \cos y > 0$,所以

$$y' = \frac{1}{\dfrac{\mathrm{d}x}{\mathrm{d}y}} = \frac{1}{\cos y} = \frac{1}{\sqrt{1 - \sin^2 y}} = \frac{1}{\sqrt{1 - x^2}},$$

即

$$(\arcsin x)' = \frac{1}{\sqrt{1 - x^2}}.$$

类似地,可得:

$$(\arccos x)' = -\frac{1}{\sqrt{1 - x^2}};$$

$$(\arctan x)' = \frac{1}{1 + x^2};$$

$$(\operatorname{arccot} x)' = -\frac{1}{1 + x^2}.$$

四、由参数方程确定的函数的求导法则

设曲线的参数方程为 $\begin{cases} x = \varphi(t) \\ y = \psi(t) \end{cases} (a \leqslant t \leqslant b)$,当 $\varphi'(t)$、$\psi'(t)$ 都存在,且 $\varphi'(t) \neq 0$ 时,由参数方程所确定的函数 $y = f(x)$ 的导数为

$$y' = \frac{\mathrm{d}y}{\mathrm{d}x} = \frac{\dfrac{\mathrm{d}y}{\mathrm{d}t}}{\dfrac{\mathrm{d}x}{\mathrm{d}t}} = \frac{y'_t}{x'_t}.$$

【例 2-4-8】 求由参数方程 $\begin{cases} x = 3\cos t \\ y = 4\sin t \end{cases} (0 < t < \pi)$ 所确定的函数 $y = f(x)$ 的导数 y'.

解　$y' = \dfrac{y'_t}{x'_t} = \dfrac{4\cos t}{-3\sin t} = -\dfrac{4}{3}\cot t \quad (0 < t < \pi).$

【**例 2-4-9**】　求由参数方程 $\begin{cases} x = a(t - \sin t) \\ y = a(1 - \cos t) \end{cases} (0 \leqslant t \leqslant 2\pi)$ 所确定的函数 $y = f(x)$

在 $t = \dfrac{\pi}{2}$ 处的切线方程.

解　$\dfrac{\mathrm{d}y}{\mathrm{d}x} = \dfrac{\dfrac{\mathrm{d}y}{\mathrm{d}t}}{\dfrac{\mathrm{d}x}{\mathrm{d}t}} = \dfrac{a\sin t}{a(1 - \cos t)} = \dfrac{\sin t}{1 - \cos t}.$

于是当 $t = \dfrac{\pi}{2}$ 时,$x = a\left(\dfrac{\pi}{2} - 1\right)$,$y = a$,在此点的切线斜率为

$$k = \dfrac{\mathrm{d}y}{\mathrm{d}x}\bigg|_{t = \frac{\pi}{2}} = 1,$$

因此切线方程为:

$$y - a = x - a\left(\dfrac{\pi}{2} - 1\right),$$

即

$$y = x + a\left(2 - \dfrac{\pi}{2}\right).$$

▶▶▶▶ 习题 2-4 ◀◀◀◀

1. 求由下列方程所确定的隐函数的导数:

(1) $3y^2 - 4xy^2 + 6x - 18 = 0$;　　　　　　(2) $4x^3 y^2 - \mathrm{e}^{xy} = 0.$

2. 用对数求导法求函数 $y = (x - 1)\sqrt[3]{\dfrac{(3x + 2)^2}{x - 3}}$ 的导数 $\dfrac{\mathrm{d}y}{\mathrm{d}x}$.

3. 用对数求导法求函数 $y = \left(\dfrac{x}{1 + x}\right)^x$ 的导数 $\dfrac{\mathrm{d}y}{\mathrm{d}x}$.

4. 已知函数 $\begin{cases} x = \mathrm{e}^{2t}\cos t \\ y = 3\mathrm{e}^t\sin t \end{cases}$,求当 $t = 0$ 时 $\dfrac{\mathrm{d}y}{\mathrm{d}x}$ 的值.

§2-5　函数的微分及其应用

学习目标

1. 掌握微分的概念及几何意义;

2. 理解可导与可微的等价关系;

3. 运用微分解决一些近似计算问题.

🧑‍🤝‍🧑 学习重点

1. 微分的概念及几何意义；
2. 微分的基本公式及计算.

🧩 学习难点

运用微分求解近似计算问题.

一、微分的概念及几何意义

1. 微分的定义

定义 2-5-1 若函数 $y = f(x)$ 在点 x 处的改变量 $\Delta y = f(x + \Delta x) - f(x)$ 可以表示成

$$\Delta y = A\Delta x + o(\Delta x),$$

其中 $o(\Delta x)$ 为比 $\Delta x (\Delta x \to 0)$ 高阶的无穷小,则称函数 $f(x)$ 在点 x 处可微,并称其线性主部 $A\Delta x$ 为函数 $y = f(x)$ 在点 x 处的微分,记为 $\mathrm{d}y$ 或 $\mathrm{d}f(x)$,即 $\mathrm{d}y = A\Delta x$ 且有 $A = f'(x)$,这样就有

$$\mathrm{d}y = f'(x)\Delta x.$$

由此可知：一元函数的可导与可微是等价的,且其关系为 $\mathrm{d}y = f'(x)\Delta x$. 当函数 $f(x) = x$ 时,函数的微分 $\mathrm{d}f(x) = \mathrm{d}x = x'\Delta x = \Delta x$ 即 $\mathrm{d}x = \Delta x$. 因此,我们规定自变量的微分等于自变量的增量,这样函数 $y = f(x)$ 的微分可以写成

$$\mathrm{d}y = f'(x)\mathrm{d}x.$$

我们在上式两边同除以 $\mathrm{d}x$,有 $\dfrac{\mathrm{d}y}{\mathrm{d}x} = f'(x)$. 由此可见,导数等于函数的微分与自变量的微分之商,即 $f'(x) = \dfrac{\mathrm{d}y}{\mathrm{d}x}$,正因为这样,导数也称为"微商",而微分的分式 $\dfrac{\mathrm{d}y}{\mathrm{d}x}$ 也常常被用作导数的符号.

说明：

微分与导数虽然有着密切的联系,但它们是有区别的：导数是函数在一点处的变化率,而微分是函数在一点处由变量增量所引起的函数变化量的主要部分；导数的值只与 x 有关,而微分的值与 x 和 Δx 都有关.

【例 2-5-1】 求函数 $y = x^2$ 在 $x = 1, \Delta x = 0.1$ 时的改变量及微分.

解 $\Delta y = f(x + \Delta x) - f(x) = (x + \Delta x)^2 - x^2$.

$\mathrm{d}y = f'(x)\mathrm{d}x = 2x\mathrm{d}x$.

$\Delta y \big|_{\substack{x=1 \\ \Delta x=0.1}} = 1.1^2 - 1^2 = 0.21$.

$\mathrm{d}y \big|_{\substack{x=1 \\ \Delta x=0.1}} = 2 \times 0.1 = 0.2$.

【例 2-5-2】 求函数 $y = \cos(2x - 1)$ 的微分.

解　$\mathrm{d}y = \left[\cos(2x-1)\right]'\mathrm{d}x = -2\sin(2x-1)\mathrm{d}x.$

【例 2-5-3】　求函数 $y = xe^{\ln\sin x}$ 的微分.

解　$\mathrm{d}y = (xe^{\ln\sin x})'\mathrm{d}x = \left[e^{\ln\sin x} + xe^{\ln\tan x}\dfrac{1}{\sin x}\cdot\cos x\right]\mathrm{d}x$

$\qquad\qquad = e^{\ln\sin x}(1 + x\cot x)\mathrm{d}x.$

2. 微分的几何意义

设函数 $y = f(x)$ 的图形如图 2-5-1 所示，MP 是曲线上点 $M(x_0, y_0)$ 处的切线，设 MP 的倾角为 α，当自变量 x 有改变量 Δx 时，得到曲线上另一点 $N(x_0 + \Delta x, y_0 + \Delta y)$.

从图 2-5-1 可知，$MQ = \Delta x$，$QN = \Delta y$，则

$$QP = MQ \cdot \tan\alpha = f'(x_0)\Delta x,$$

即

$$\mathrm{d}y = QP.$$

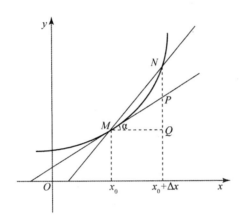

图 2-5-1

由此可知，微分 $\mathrm{d}y = f'(x)\Delta x$ 是当自变量 x 有改变量 Δx 时，曲线 $y = f(x)$ 在点 (x_0, y_0) 处切线的纵坐标的改变量. 用 $\mathrm{d}y$ 近似代替 Δy 就是用点 $M(x_0, y_0)$ 处的切线纵坐标的改变量 QP 来近似代替曲线 $y = f(x)$ 的纵坐标的改变量 QN，并且有 $|\Delta y - \mathrm{d}y| = PN$.

二、微分的运算法则

因为函数 $y = f(x)$ 的微分等于导数 $f'(x)$ 乘以 $\mathrm{d}x$，所以根据导数公式和导数运算法则，就能得到相应的微分公式和微分运算法则.

1. 微分基本公式

(1) $\mathrm{d}(C) = 0$　（常数 $C \in \mathbf{R}$）；　　　　(2) $\mathrm{d}(x^\mu) = \mu x^{\mu-1}\mathrm{d}x$　（$\mu \in \mathbf{R}$）；

(3) $\mathrm{d}(a^x) = a^x\ln a\mathrm{d}x$　（$a > 0$ 且 $a \neq 1$）；　　(4) $\mathrm{d}(e^x) = e^x\mathrm{d}x$；

(5) $\mathrm{d}(\log_a x) = \dfrac{1}{x\ln a}\mathrm{d}x$　（$a > 0$ 且 $a \neq 1$）；　　(6) $\mathrm{d}(\ln x) = \dfrac{1}{x}\mathrm{d}x$；

(7) $\mathrm{d}(\sin x) = \cos x\mathrm{d}x$；　　　　　　　(8) $\mathrm{d}(\cos x) = -\sin x\mathrm{d}x$；

(9) $d(\tan x) = \sec^2 x dx$；

(10) $d(\cot x) = -\csc^2 x dx$；

(11) $d(\sec x) = \sec x \cdot \tan x dx$；

(12) $d(\csc x) = -\csc x \cdot \cot x dx$；

(13) $d(\arcsin x) = \dfrac{1}{\sqrt{1-x^2}} dx$；

(14) $d(\arccos x) = -\dfrac{1}{\sqrt{1-x^2}} dx$；

(15) $d(\arctan x) = \dfrac{1}{1+x^2} dx$；

(16) $d(\text{arccot} x) = -\dfrac{1}{1+x^2} dx$．

2. 函数的和、差、积、商的微分运算法则

(1) $d(u \pm v) = du \pm dv$；

(2) $d(u \cdot v) = v \cdot du + u \cdot dv$，特别地，$d(Cu) = Cdu$ （C 为常数）；

(3) $d\left(\dfrac{u}{v}\right) = \dfrac{vdu - udv}{v^2}$ （$v \neq 0$）．

3. 复合函数的微分法则

设 $y = f(u), u = \varphi(x)$，则复合函数 $y = f[\varphi(x)]$ 的微分为

$$dy = y'_x dx = f'(u) \cdot \varphi'(x) dx = f'(u) du.$$

说明：

复合函数的微分，最后得到的结果与 u 是自变量的函数的微分形式相同，这表示对于函数 $y = f(u)$ 来说，不论 u 是自变量还是中间变量，y 的微分都有 $f'(u)du$ 的形式．这个性质称为一阶微分形式的不变性．

【例 2-5-4】 在下列括号内填上适当的函数，使得等式成立：

(1) $\dfrac{1}{1+x^2} dx = d(\quad)$；

(2) $d(\quad) = (x^2 + 2x - 3) dx$．

解 (1) 因为 $(\arctan x)' = \dfrac{1}{1+x^2}$，

所以 $\dfrac{1}{1+x^2} dx = d(\arctan x)$．

(2) 因为 $\left(\dfrac{1}{3}x^3 + x^2 - 3x\right)' = x^2 + 2x - 3$，

所以 $d\left(\dfrac{1}{3}x^3 + x^2 - 3x\right) = (x^2 + 2x - 3) dx$．

【例 2-5-5】 求函数 $y = \ln(1 + x^2)$ 的微分．

解 方法一 利用微分形式不变性：

$$dy = d\ln(1 + x^2) = \frac{1}{1+x^2} d(1 + x^2) = \frac{2x}{1+x^2} dx.$$

方法二 利用微分的定义：

$$dy = [\ln(1 + x^2)]' dx = \frac{1}{1+x^2}(1 + x^2)' dx = \frac{2x}{1+x^2} dx.$$

三、微分在近似计算中的应用

设函数 $y = f(x)$ 在 x_0 处的导数 $f'(x_0) \neq 0$，且 $|\Delta x|$ 很小时，我们有近似公式

$$\Delta y = f(x_0 + \Delta x) - f(x_0) \approx f'(x_0)\Delta x,\qquad\qquad(1)$$

或
$$f(x_0 + \Delta x) \approx f(x_0) + f'(x_0)\Delta x.\qquad\qquad(2)$$

上式中令 $x + \Delta x = x$,则
$$f(x) \approx f(x_0) + f'(x_0)(x - x_0).\qquad\qquad(3)$$

特别地,当 $x_0 = 0,|x|$ 很小时,有
$$f(x) \approx f(0) + f'(0)x.\qquad\qquad(4)$$

这里,式(1)可以用于求函数增量的近似值,而式(2)、(3)、(4)可用来求函数的近似值.应用式(4)可以推得一些常用的近似公式.

当 $|x|$ 很小时,有:

(1) $\sqrt[n]{1+x} \approx 1 + \dfrac{1}{n}x$;　　　　　　(2) $\sin x \approx x$;

(3) $\tan x \approx x$;　　　　　　　　　　(4) $\ln(1+x) \approx x$;

(5) $e^x \approx 1 + x$.

【例 2-5-6】　计算 $f(x) = \arctan 1.01$ 的近似值.

解　设 $f(x) = \arctan x$,由近似公式(2)可得
$$\arctan(x_0 + \Delta x) \approx \arctan x_0 + \frac{1}{1 + x_0^2}\Delta x.$$

取 $x_0 = 1, \Delta x = 0.01$,则
$$\arctan 1.01 = \arctan(1 + 0.01) \approx \arctan 1 + \frac{1}{1 + 1^2} \times 0.01$$
$$= \frac{\pi}{4} + \frac{0.01}{2} \approx 0.79.$$

【例 2-5-7】　某球体的体积从 $36\pi\mathrm{cm}^3$ 增加到 $37\pi\mathrm{cm}^3$,试求其半径的改变量的近似值.

解　设球的半径为 r,则体积 $V = \dfrac{4}{3}\pi r^3$,故
$$r = \sqrt[3]{\frac{3V}{4\pi}},\quad \Delta r \approx \mathrm{d}r = \sqrt[3]{\frac{3}{4\pi}}\frac{1}{3}\frac{1}{\sqrt[3]{V^2}}\mathrm{d}V = \sqrt[3]{\frac{1}{36\pi}}\frac{1}{\sqrt[3]{V^2}}\mathrm{d}V.$$

现有 $V = 36\pi\mathrm{cm}^3, \Delta V = 37\pi - 36\pi = \pi(\mathrm{cm}^3)$,则
$$\Delta r \approx \mathrm{d}r = \sqrt[3]{\frac{1}{36\pi \times (36\pi)^2}} \times \pi = \frac{1}{36} \approx 0.028(\mathrm{cm}),$$

即半径约增加 0.028cm.

【例 2-5-8】　计算 $\sqrt[3]{63}$ 的近似值.

解　因为 $\sqrt[3]{63} = \sqrt[3]{64-1} = \sqrt[3]{64\left(1 - \dfrac{1}{64}\right)} = 4\sqrt[3]{1 - \dfrac{1}{64}}$,由近似公式
$$\sqrt[n]{1+x} \approx 1 + \frac{1}{n}x,$$

得 $$\sqrt[3]{63} = 4\sqrt[3]{1 - \frac{1}{64}} \approx 4\left(1 - \frac{1}{3} \times \frac{1}{64}\right) = 4 - \frac{1}{48} \approx 3.979.$$

▶▶▶▶ 习题 2-5 ◀◀◀◀

1. 求下列函数的微分：

(1) $y = x^3 - \sin4x$; (2) $y = e^x \cos x$;

(3) $y = \sqrt{1 + x^2}$; (4) $y = \arctan\sqrt{x}$.

2. 在下列括号内填上适当的函数，使得等式成立：

(1) $\frac{1}{x}dx = d(\qquad)$; (2) $\frac{e^x}{1 + e^x}dx = d(\qquad)$;

(3) $d(\qquad) = (x^3 - 4x + 5)dx$; (4) $d(\qquad) = (\sin2x)dx$.

3. 利用微分求下列各式的近似值：

(1) $\sin 31°$; (2) $\sqrt[3]{1.02}$.

第 2 章自测题

(总分 100 分，时间 90 分钟)

一、判断题(对的打"√"，错的打"×"，每小题 2 分，共 20 分)

1. $(\cos x)' = \sin x$. (   )

2. $(\arcsin x)' = \frac{1}{\sqrt{1 - x^2}}$. (   )

3. 若函数 $u(x), v(x)$ 均为可导函数，则 $[u(x)v(x)]' = u'(x)v'(x)$. (   )

4. 若函数 $y = f(x)$ 在点 x_0 处连续，则函数 $y = f(x)$ 在点 x_0 处必可导. (   )

5. 若函数 $y = 3x^2 + \ln2$，则 $y' = 6x + \frac{1}{2}$. (   )

6. $\left(\sin\frac{\pi}{6}\right)' = \cos\frac{\pi}{6}$. (   )

7. $(x^x)' = xx^{x-1}$. (   )

8. 函数 $f(x) = |x - 1|$ 在 $x = 1$ 处可导. (   )

9. 若函数 $y = f(x)$ 在点 x_0 处可微，则函数 $y = f(x)$ 在点 x_0 处必连续. (   )

10. 当 $|x|$ 很小时，$\ln(1 + x) \approx x$. (   )

二、选择题(每小题 2 分，共 10 分)

1. 若函数 $f(x) = 2ax^2$ 且 $f'(x) = -8x$，则 a 的值为 (   )

A. -1 B. -2 C. -3 D. -4

2. 若函数 $f(x) = 5x + 3e^x$，则 $f'(0)$ 的值为 (   )

A. 5 B. 6 C. 7 D. 8

3. 下列等式中正确的是 　　　　　　　　　　　　　　　　　（　　）

A. $\sin x\,\mathrm{d}x = \mathrm{d}\cos x$　　　　　　　B. $\mathrm{d}\ln x = \mathrm{d}\left(\dfrac{1}{x}\right)$

C. $(x-1)\,\mathrm{d}x = \mathrm{d}x$　　　　　　　　D. $\mathrm{e}^x\,\mathrm{d}x = \mathrm{d}\mathrm{e}^x$

4. 若函数 $f(x) = \mathrm{e}^x + \cos x$,则其二阶导数为 　　　　　　　　　　（　　）

A. $\mathrm{e}^x - \sin x$　　　　　　　　　　B. $\mathrm{e}^x + \sin x$

C. $\mathrm{e}^x - \cos x$　　　　　　　　　　D. $\mathrm{e}^x + \cos x$

5. 若函数 $y = 4x - \ln x$,则 $\mathrm{d}y = $ 　　　　　　　　　　　　　（　　）

A. $4 - \dfrac{1}{x}$　　　　B. $4\mathrm{d}x$　　　　C. $-\dfrac{1}{x}$　　　　D. $\left(4 - \dfrac{1}{x}\right)\mathrm{d}x$

三、填空题(每小题 2 分,共 20 分)

1. $(\arctan x)' = $ _____.

2. 若函数 $f(x) = \ln x$,则 $f'(2016) = $ _____.

3. 若 $f'(x_0) = 5$,则 $\lim\limits_{\Delta x \to 0} \dfrac{f(x_0 - \Delta x) - f(x_0)}{\Delta x} = $ _____.

4. 曲线 $y = 2\mathrm{e}^x$ 在点 $(0,2)$ 处的切线斜率为 _____.

5. 函数 $y = x^3 - 1$ 在 $x = 1$ 处的切线方程为 _____.

6. $\mathrm{d}x = $ _____ $\mathrm{d}(1 - 4x)$.

*7. 参数方程 $\begin{cases} x = 4\sin t \\ y = 2\cos t \end{cases}$ 所确定的函数的导数 $\dfrac{\mathrm{d}y}{\mathrm{d}x} = $ _____.

8. 设 $y - x\mathrm{e}^y = 0$,则 $\dfrac{\mathrm{d}y}{\mathrm{d}x} = $ _____.

9. 若函数 $y = \cos x + \sin x$,则 $f''(x)$ _____.

10. 若函数 $y = \mathrm{e}^x + \sqrt{3}$,则 $\mathrm{d}y = $ _____.

四、计算与解答题(共 50 分)

1. 求下列函数的导数(每小题 5 分,共 30 分):

(1) $y = 4\mathrm{e}^x + 3\cos x - 7$;　　　　　　(2) $y = x^6 \sin x$;

(3) $y = \dfrac{x+1}{x-1}$;　　　　　　　　　　(4) $y = (2x^2 - 5x - 3)^3$;

(5) $y = \cos(4x + 1)$;　　　　　　　　*(6) $y = \ln(4x - \sqrt{1 + x^2})$.

*2. 计算 $\arctan 1.05$ 的近似值(6 分).

*3. 求由方程 $3y^4 - 2\ln y = x^5$ 所确定的隐函数 $y = f(x)$ 的导数 $\dfrac{\mathrm{d}y}{\mathrm{d}x}$(6 分).

4. 若函数 $y = x^5 - 7x^2 + 3x - 1$,求 $\mathrm{d}y$ 和 y''(8 分).

第3章 导数的应用

📖 *知识概要* ━━━━━━━━━━━━━━━━━

基本概念：未定型、极值点、可能极值点、极值、最值、凹区间、凸区间、拐点、渐近线、水平渐近线、铅直渐近线.

基本方法：洛必达法则——求未定型的极限；函数单调性的判定——单调区间的求法、可能极值点的求法、极值的求法，连续函数在闭区间上的最大值、最小值的求法，求实际问题的最大值、最小值的方法；曲线的凹向及拐点的求法；曲线的渐近线的求法；曲线凹向的判别方法；一元函数图像的描绘方法.

基本定理：拉格朗日中值定理、罗尔中值定理；洛必达法则；函数单调性的判定定理，极值的必要条件，极值的第一、第二充要条件.

§3-1　洛必达法则

📚 学习目标

1. 了解 $\dfrac{0}{0}$ 型、$\dfrac{\infty}{\infty}$ 型及其他类型的未定式极限；

2. 熟练掌握洛必达法则及其使用条件.

👥 学习重点

1. 利用洛必达法则求 $\dfrac{0}{0}$ 型和 $\dfrac{\infty}{\infty}$ 型未定式的极限；

2. 洛必达法则使用条件.

🧩 学习难点

其他类型的未定式转化为 $\dfrac{0}{0}$ 型或 $\dfrac{\infty}{\infty}$ 型，再用洛必达法求极限.

我们把两个无穷小量之比或两个无穷大量之比的极限称为 $\dfrac{0}{0}$ 型或 $\dfrac{\infty}{\infty}$ 型不定式(也称为 $\dfrac{0}{0}$ 型或 $\dfrac{\infty}{\infty}$ 型未定式)的极限,洛必达法则就是以导数为工具求不定式的极限方法.

定理 3-1-1(洛必达法则)　设函数 $f(x)$ 和 $g(x)$ 满足:

(1) 极限 $\lim\limits_{x \to x_0} \dfrac{f(x)}{g(x)}$ 是 $\dfrac{0}{0}$ 型或 $\dfrac{\infty}{\infty}$ 型;

(2) 在点 x_0 的附近(不含点 x_0),$f'(x)$ 和 $g'(x)$ 都存在,且 $g'(x) \neq 0$;

(3) 极限 $\lim\limits_{x \to x_0} \dfrac{f'(x)}{g'(x)}$ 存在(或为 ∞),

则极限 $\lim\limits_{x \to x_0} \dfrac{f(x)}{g(x)}$ 存在或为无穷大,且 $\lim\limits_{x \to x_0} \dfrac{f(x)}{g(x)} = \lim\limits_{x \to x_0} \dfrac{f'(x)}{g'(x)}$.

注意:

(1) 极限条件 $x \to x_0$,如果换成 $x \to x_0^{+}$,$x \to x_0^{-}$,$x \to +\infty$,$x \to -\infty$,$x \to \infty$,结论同样成立;

(2) 若 $\lim\limits_{x \to x_0} \dfrac{f'(x)}{g'(x)}$ 仍然是 $\dfrac{0}{0}$ 型或 $\dfrac{\infty}{\infty}$ 型,只要 $f'(x)$ 和 $g'(x)$ 满足定理 3-1-1 的条件,则洛必达法则可以继续使用,即 $\lim\limits_{x \to x_0} \dfrac{f(x)}{g(x)} = \lim\limits_{x \to x_0} \dfrac{f'(x)}{g'(x)} = \lim\limits_{x \to x_0} \dfrac{f''(x)}{g''(x)}$. 依此类推,直到求出所要求的极限.

【例 3-1-1】　求极限 $\lim\limits_{x \to 1} \dfrac{x^5 - 1}{x - 1}$.

解　$\lim\limits_{x \to 1} \dfrac{x^5 - 1}{x - 1} = \lim\limits_{x \to 1} \dfrac{5x^4}{1} = 5$.

【例 3-1-2】　求极限 $\lim\limits_{x \to 1} \dfrac{x^3 - 3x + 2}{x^3 - x^2 - x + 1}$.

解　$\lim\limits_{x \to 1} \dfrac{x^3 - 3x + 2}{x^3 - x^2 - x + 1} = \lim\limits_{x \to 1} \dfrac{3x^2 - 3}{3x^2 - 2x - 1} = \lim\limits_{x \to 1} \dfrac{6x}{6x - 2} = \dfrac{6}{4} = \dfrac{3}{2}$.

【例 3-1-3】　求极限 $\lim\limits_{x \to 0} \dfrac{1 - \cos x}{x^2}$.

解　$\lim\limits_{x \to 0} \dfrac{1 - \cos x}{x^2} = \lim\limits_{x \to 0} \dfrac{\sin x}{2x} = \lim\limits_{x \to 0} \dfrac{\cos x}{2} = \dfrac{1}{2}$.

【例 3-1-4】　求极限 $\lim\limits_{x \to \infty} \dfrac{4x^2 + 5x}{x^2 - 2x + 3}$.

解　$\lim\limits_{x \to \infty} \dfrac{4x^2 + 5x}{x^2 - 2x + 3} = \lim\limits_{x \to \infty} \dfrac{8x + 5}{2x - 2} = \lim\limits_{x \to \infty} \dfrac{8}{2} = 4$.

【例 3-1-5】　求极限 $\lim\limits_{x \to +\infty} \dfrac{\mathrm{e}^x}{x^2}$.

解　$\lim\limits_{x \to +\infty} \dfrac{\mathrm{e}^x}{x^2} = \lim\limits_{x \to +\infty} \dfrac{\mathrm{e}^x}{2x} = \lim\limits_{x \to +\infty} \dfrac{\mathrm{e}^x}{2} = +\infty$

【例 3-1-6】 求极限 $\lim\limits_{x \to +\infty} \dfrac{\ln x}{x^n}(n > 0)$.

解 $\lim\limits_{x \to +\infty} \dfrac{\ln x}{x^n} = \lim\limits_{x \to +\infty} \dfrac{\dfrac{1}{x}}{nx^{n-1}} = \lim\limits_{x \to +\infty} \dfrac{1}{nx^n} = 0.$

除了 $\dfrac{0}{0}$ 型和 $\dfrac{\infty}{\infty}$ 型未定式之外,还有 $0 \cdot \infty$、$\infty - \infty$、0^0、1^∞、∞^0 型等未定式,这些未定式只有通过转化为 $\dfrac{0}{0}$ 型或 $\dfrac{\infty}{\infty}$ 型后才能用洛必达法则进行求解.

【例 3-1-7】 求极限 $\lim\limits_{x \to 0^+} x \ln x$. （$0 \cdot \infty$ 型）

解 $\lim\limits_{x \to 0^+} x \ln x = \lim\limits_{x \to 0^+} \dfrac{\ln x}{\dfrac{1}{x}} = \lim\limits_{x \to 0^+} \dfrac{\dfrac{1}{x}}{-\dfrac{1}{x^2}} = \lim\limits_{x \to 0^+} (-x) = 0.$

【例 3-1-8】 求极限 $\lim\limits_{x \to 1} \left(\dfrac{x}{x-1} - \dfrac{1}{\ln x} \right)$. （$\infty - \infty$ 型）

解 $\lim\limits_{x \to 1} \left(\dfrac{x}{x-1} - \dfrac{1}{\ln x} \right) = \lim\limits_{x \to 1} \dfrac{x \ln x - (x-1)}{(x-1)\ln x} = \lim\limits_{x \to 1} \dfrac{x \dfrac{1}{x} + \ln x - 1}{\ln x + \dfrac{x-1}{x}}$

$$= \lim\limits_{x \to 1} \dfrac{\ln x}{1 - \dfrac{1}{x} + \ln x} = \lim\limits_{x \to 1} \dfrac{\dfrac{1}{x}}{\dfrac{1}{x^2} + \dfrac{1}{x}} = \dfrac{1}{2}.$$

【例 3-1-9】 求极限 $\lim\limits_{x \to 1} x^{\frac{1}{1-x}}$. （$1^\infty$ 型）

解 $\lim\limits_{x \to 1} x^{\frac{1}{1-x}} = \lim\limits_{x \to 1} e^{\ln x^{\frac{1}{1-x}}} = e^{\lim\limits_{x \to 1} \frac{1}{1-x} \ln x} = e^{\lim\limits_{x \to 1} \frac{\ln x}{1-x}} = e^{\lim\limits_{x \to 1} \frac{\frac{1}{x}}{-1}} = e^{-1}.$

注意:

(1) 每次使用洛必达法则前,必须检验是否属于 $\dfrac{0}{0}$ 型或 $\dfrac{\infty}{\infty}$ 型未定式,若不是则不能使用该法则;

(2) 如果有可约因子,或有非零极限值的乘积因子,则可先约去或提出,以简化演算步骤;

(3) 当极限 $\lim \dfrac{f'(x)}{g'(x)}$ 不存在(不包括 ∞ 的情况)时,并不能断定 $\lim \dfrac{f(x)}{g(x)}$ 也不存在,此时应使用其他方法求极限.

【例 3-1-10】 证明 $\lim\limits_{x \to \infty} \dfrac{x + \sin x}{x}$ 存在,但不能用洛必达法则求解.

证 因为 $\lim\limits_{x \to \infty} \dfrac{x + \sin x}{x} = \lim\limits_{x \to \infty} \left(1 + \dfrac{\sin x}{x} \right) = 1 + 0 = 1,$

所以该极限存在.

又因为

$$\lim_{x\to\infty}\frac{(x+\sin x)'}{(x)'}=\lim_{x\to\infty}\frac{1+\cos x}{1}=\lim_{x\to\infty}(1+\cos x)$$

不存在,所以所给极限不能用洛必达法则求解.

▶▶▶▶ **习题 3-1** ◀◀◀◀

1. 用洛必达法则求下列极限:

(1) $\lim\limits_{x\to 0}\dfrac{\ln(1+x)}{3x}$;

(2) $\lim\limits_{x\to\pi}\dfrac{\sin x-\sin\pi}{x-\pi}$;

(3) $\lim\limits_{x\to+\infty}\dfrac{\ln x}{x^3}$;

(4) $\lim\limits_{x\to 0}x\cot 5x$;

(5) $\lim\limits_{x\to 1}\left(\dfrac{2}{x^2-1}-\dfrac{1}{x-1}\right)$;

(6) $\lim\limits_{x\to 0}\left(\dfrac{1}{\sin x}-\dfrac{1}{x}\right)$;

(7) $\lim\limits_{x\to 0}(1+\sin x)^{\frac{1}{x}}$;

(8) $\lim\limits_{x\to 0^+}\left(\dfrac{1}{x}\right)^{\tan x}$.

2. 验证极限 $\lim\limits_{x\to\infty}\dfrac{x-\sin x}{x+\sin x}$ 存在,但不能用洛必达法则得出.

§3-2　函数的单调性

📖 学习目标

1. 理解罗尔中值定理的概念,会简单应用;
2. 理解拉格朗日中值定理的概念,会简单应用;
3. 掌握函数单调性的判定方法.

👥 学习重点

1. 罗尔中值定理及其应用;
2. 拉格朗日中值定理及其应用;
3. 函数单调性的判定.

🧩 学习难点

1. 拉格朗日中值定理的应用;
2. 函数单调性的判定.

一、微分中值定理

定理 3-2-1(罗尔(**Rolle**)中值定理)　若函数 $f(x)$ 满足:

(1) 在闭区间$[a,b]$上连续;

(2) 在开区间(a,b)内可导;

(3) 在区间$[a,b]$的端点处函数值相等,即
$$f(a) = f(b),$$
则在(a,b)内至少存在一点 $\xi(a < \xi < b)$,使得 $f'(\xi) = 0$(见图 3-2-1).

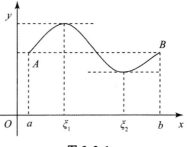

图 3-2-1

【例 3-2-1】 验证函数 $f(x) = \dfrac{1}{1+x^2}$ 在区间 $[-4,4]$ 上满足罗尔中值定理的条件,并求出定理结论中的 ξ.

解 显然函数 $f(x)$ 在闭区间上连续,在开区间内可导,并且有 $f(-4) = f(4)$. 所以函数 $f(x)$ 满足罗尔中值定理的条件. 而
$$f'(x) = \frac{-2x}{(1+x^2)^2},$$
由 $f'(\xi) = 0$,得 $\qquad\qquad \xi = 0.$

定理 3-2-2(拉格朗日(Lagrange) 中值定理) 若函数 $f(x)$ 满足:

(1) 在闭区间$[a,b]$上连续;

(2) 在开区间(a,b)内可导,

则在(a,b)内至少存在一点 $\xi(a < \xi < b)$(见图 3-2-2),使得
$$f(b) - f(a) = f'(\xi)(b-a).$$

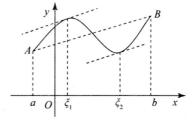

图 3-2-2

推论 3-2-1 如果函数 $f(x)$ 在区间(a,b)内满足 $f'(x) \equiv 0$,则在(a,b)内 $f(x) = C$(C 为常数).

证 设 x_1, x_2 是区间(a,b)内的任意两点,且 $x_1 < x_2$,于是在区间$[x_1,x_2]$上函数 $f(x)$ 满足拉格朗日中值定理的条件,故得
$$f(x_2) - f(x_1) = f'(\xi)(x_2 - x_1) \quad (x_1 < \xi < x_2).$$
由于 $f'(\xi) = 0$,所以 $f(x_2) - f(x_1) = 0$,即
$$f(x_1) = f(x_2).$$

因为 x_1, x_2 是(a,b)内的任意两点,于是上式表明 $f(x)$ 在(a,b)内任意两点的值总是相等的,即 $f(x)$ 在(a,b)内是一个常数,证毕.

推论 3-2-2 如果对(a,b)内任意 x,均有 $f'(x) = g'(x)$,则在(a,b)内 $f(x)$ 与 $g(x)$ 之间只差一个常数,即 $f(x) = g(x) + C$(C 为常数).

证 令 $F(x) = f(x) - g(x)$,则 $F'(x) \equiv 0$,由推论 3-2-1 知,$F(x)$ 在(a,b)内为一常数 C,即 $f(x) - g(x) = C, x \in (a,b)$,证毕.

【例 3-2-2】 证明:当 $x > 0$ 时,$\dfrac{x}{1+x} < \ln(1+x) < x$.

证 设 $f(x) = \ln(1+x)$,显然,$f(x)$ 在区间$[0,x]$上满足拉格朗日中值定理的条件,所以

$$f(x) - f(0) = f'(\xi)(x - 0), \quad \xi \in (0, x).$$

又因为 $f(x) = \ln(1 + x), f(0) = 0, f'(x) = \dfrac{1}{1+x}$，所以

$$\ln(1 + x) = \frac{x}{1 + \xi}.$$

因为 $\xi \in (0, x)$，所以

$$1 < 1 + \xi < 1 + x,$$

$$\frac{x}{1 + x} < \frac{x}{1 + \xi} < x.$$

于是有

$$\frac{x}{1 + x} < \ln(1 + x) < x.$$

二、函数单调性的判定

定理 3-2-3(函数单调性的判定定理)

设函数 $f(x)$ 在闭区间 $[a, b]$ 上连续,在开区间 (a, b) 内可导,那么

(1) 若在区间 (a, b) 内恒有 $f'(x) > 0$,则函数 $f(x)$ 在区间 $[a, b]$ 上单调增加(见图 3-2-3);

(2) 若在区间 (a, b) 内恒有 $f'(x) < 0$,则函数 $f(x)$ 在区间 $[a, b]$ 上单调减少(见图 3-2-4).

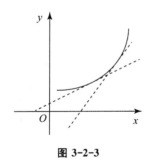

图 3-2-3

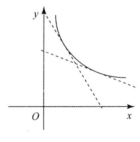

图 3-2-4

证　设 x_1, x_2 是 $[a, b]$ 上任意两点,且 $x_1 < x_2$,由拉格朗日中值定理有

$$f(x_2) - f(x_1) = f'(\xi)(x_2 - x_1) \quad (x_1 < \xi < x_2).$$

如果 $f'(x) > 0$,必有 $f'(\xi) > 0$,又 $x_2 - x_1 > 0$,于是有 $f(x_2) - f(x_1) > 0$,即

$$f(x_2) > f(x_1).$$

由于 $x_1, x_2 (x_1 < x_2)$ 是 $[a, b]$ 上任意两点,所以函数 $f(x)$ 在 $[a, b]$ 上单调增加.

同理可证,如果 $f'(x) < 0$,则函数 $f(x)$ 在 $[a, b]$ 上单调减少,证毕.

函数单调区间的确定:

(1) 求出使 $f'(x) = 0$ 的点(称这样的点为驻点);

(2) 用这些驻点将 $f(x)$ 的定义域分成若干个子区间,再在每个子区间上判断函数的

单调性.

说明:

当上述定理中不等式为"≥"或"≤"时,只要使得 $f'(x)=0$ 的驻点是有限个或者是无限可列个,则定理也成立.

【例 3-2-3】 讨论函数 $f(x)=x^5$ 的单调性.

解 函数 $f(x)=x^3$ 的定义域为 $(-\infty,+\infty)$.

因为 $f'(x)=4x^4 \geqslant 0$,且只有当 $x=0$ 时,$f'(x)=0$,所以函数 $f(x)=x^3$ 在定义域内是单调增加的.

【例 3-2-4】 求函数 $f(x)=\dfrac{\ln x}{2x}$ 的单调区间.

解 函数 $f(x)=\dfrac{\ln x}{2x}$ 的定义域为 $(0,+\infty)$.

因为
$$f'(x)=\frac{2-2\ln x}{4x^2},$$

令 $f'(x)=0$,得
$$x=\mathrm{e}.$$

列表讨论如下:

x	$(0,\mathrm{e})$	e	$(\mathrm{e},+\infty)$
$f'(x)$	+	0	−
$f(x)$	↗		↘

由上表可知,$f(x)$ 在区间 $(0,\mathrm{e})$ 上单调递增,在区间 $(\mathrm{e},+\infty)$ 上单调递减.

【例 3-2-5】 求函数 $f(x)=2x^3-9x^2+12x-1$ 的单调区间.

解 函数 $f(x)=2x^3-9x^2+12x-1$ 的定义域为 $(-\infty,+\infty)$.

因为
$$f'(x)=6x^2-18x+12=6(x-1)(x-2),$$

令 $f'(x)=0$,得
$$x=1, \quad x=2.$$

这两个点把定义域分成三个子区间,列表讨论如下:

x	$(-\infty,1)$	1	$(1,2)$	2	$(2,+\infty)$
$f'(x)$	+	0	−	0	+
$f(x)$	↗		↘		↗

由上表可知,函数的 $f(x)$ 在区间 $(-\infty,1)$ 与 $(2,+\infty)$ 上单调递增,$f(x)$ 在区间 $(1,2)$ 上单调递减.

▶▶▶▶ 习题 3-2 ◀◀◀◀

1. 讨论函数 $f(x)=\arctan x-x$ 的单调性.

2. 讨论函数 $f(x)=x+\sin x(0 \leqslant x \leqslant 2\pi)$ 的单调性.

3. 确定下列函数的单调区间:

(1) $y = 5x^2 - 20x + 7$;　　　　　(2) $y = 3x^2 - \ln x$.

4. 证明:当 $x > 0$ 时,$x > \ln(1 + x)$.

§3-3　函数的极值与最值

📖 学习目标

1. 理解极值的概念,会求函数的极值;
2. 掌握连续函数最值的解法;
3. 会求简单实际问题的最值.

👥 学习重点

1. 函数极值的导数列表法判定;
2. 连续函数最值的解法;
3. 简单实际问题的最值解法.

🧩 学习难点

1. 函数极值的概念;
2. 实际问题中函数的确定.

一、极大值与极小值

定义 3-3-1　若函数 $f(x)$ 在点 x_0 及其附近取值均有 $f(x) < f(x_0)$,则称 $f(x_0)$ 是 $f(x)$ 的一个极大值,称 x_0 为函数 $f(x)$ 的一个极大值点;反之,若均有 $f(x) > f(x_0)$,则称 $f(x_0)$ 是 $f(x)$ 的一个极小值,称 x_0 为函数 $f(x)$ 的一个极小值点. 函数的极大值与极小值统称为极值,极大值点与极小值点统称为极值点.

问题 1:极值点在函数的哪些点存在?

答:极值点存在于驻点、不可导点.

问题 2:可导函数的极值点与驻点是什么关系?

答:可导函数的极值点一定是驻点,但驻点不一定是极值点.

定理 3-3-1(极值存在的必要条件)　设 $f(x)$ 在点 x_0 处具有导数,且在 x_0 处取得极值,则
$$f'(x_0) = 0.$$

定理 3-3-2(极值存在的第一充分条件)　设函数在点 x_0 连续且在 x_0 的附近(不含 x_0)可导,则

（1）若当 $x < x_0$ 时 $f'(x) > 0$，当 $x > x_0$ 时 $f'(x) < 0$，则函数 $f(x)$ 在 x_0 处取得极大值；

（2）若当 $x > x_0$ 时 $f'(x) = 0$，当 $x > x_0$ 时 $f'(x) > 0$，则函数 $f(x)$ 在 x_0 处取得极小值；

（3）若当 $x < x_0$ 时和当 $x > x_0$ 时，$f'(x)$ 的符号相同，则函数 $f(x)$ 在 x_0 处不取得极值.

【例 3-3-1】 求函数 $f(x) = x^3 - 6x^2 + 9x$ 的单调区间和极值，并判断出是极大值还是极小值.

解 函数的定义域为 $(-\infty, +\infty)$.

$$y' = (x^3 - 6x^2 + 9x)' = 3x^2 - 12x + 9 = 3(x-1)(x-3).$$

令 $y' = 0$，得驻点 $x_1 = 1$， $x_2 = 3$.

列表如下：

x	$(-\infty, 1)$	1	$(1,3)$	3	$(3, +\infty)$
$f'(x)$	+	0	−	0	+
$f(x)$	↗	极大值 4	↘	极小值 0	↗

由上表可知，单调递增区间为 $(-\infty, 1)$ 和 $(3, +\infty)$，单调递减区间为 $(1,3)$；函数的极大值为 4，极小值为 0.

定理 3-3-3(极值存在的第二充分条件) 设函数 $f(x)$ 在 x_0 处有二阶导数，$f'(x_0) = 0$，$f''(x_0) \neq 0$，则

（1）当 $f''(x_0) < 0$ 时，$f(x_0)$ 为极大值；

（2）当 $f''(x_0) > 0$ 时，$f(x_0)$ 为极小值.

【例 3-3-2】 求函数 $f(x) = (x^2 - 2)^2 + 1$ 的极值.

解 函数 $f(x)$ 的定义域为 $(-\infty, +\infty)$.

由已知得

$$f'(x) = 4x(x^2 - 2).$$

令 $f'(x) = 0$，得驻点

$$x_1 = -\sqrt{2}, \quad x_2 = 0, \quad x_3 = \sqrt{2},$$

没有不可导点，因此，可用第二充分条件判断.

又因为 $f''(x) = 4(3x^2 - 2)$，$f''(-\sqrt{2}) = 16 > 0$，则

$$f''(0) = -8 < 0, \quad f''(\sqrt{2}) = 16 > 0,$$

所以，函数的极大值为 $f(0) = 5$，函数的极小值为 $f(-\sqrt{2}) = f(\sqrt{2}) = 1$.

二、函数的最值

如果 $y = f(x)$ 为闭区间 $[a, b]$ 上的连续函数，由连续函数的性质可知，$f(x)$ 在 $[a, b]$ 上存在最大值与最小值. 又由函数极值的讨论可知，$f(x)$ 的最大值、最小值只能在区间端点、驻点和不可导点处取得(分别见图 3-3-1、图 3-3-2 和图 3-3-3). 因此，只需将上述特殊

点的函数值进行比较,其中最大者就是 $f(x)$ 在 $[a,b]$ 上的最大值(记作 M),最小者就是 $f(x)$ 在 $[a,b]$ 上的最小值(记作 m).

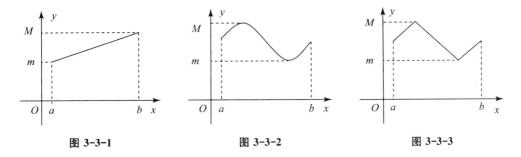

图 3-3-1　　　　　　　图 3-3-2　　　　　　　图 3-3-3

【例 3-3-3】　求函数 $f(x) = x - x\sqrt{x}$ 在区间 $[0,4]$ 上的最大值与最小值.

解　$f'(x) = 1 - \dfrac{3}{2}x$,令 $f'(x) = 0$,得驻点 $x = \dfrac{4}{9}$,其函数值为 $f\left(\dfrac{4}{9}\right) = \dfrac{4}{27}$,

区间端点处的函数值为 $f(0) = 0, f(4) = -4$.

故函数 $f(x)$ 在区间 $[0,4]$ 上的最大值为 $f\left(\dfrac{4}{9}\right) = \dfrac{4}{27}$,最小值为 $f(4) = -4$.

三、实际问题中函数的最值

性质 3-3-1　如果函数 $f(x)$ 在闭区间 $[a,b]$ 上连续,在开区间 (a,b) 内可导,只有一个驻点 x_0,并且 x_0 是函数 $f(x)$ 的极值点,那么当 $f(x_0)$ 是极大值时,$f(x_0)$ 也是 $f(x)$ 在 (a,b) 内的最大值;当 $f(x_0)$ 是极小值时,$f(x_0)$ 也是 $f(x)$ 在 (a,b) 内的最小值.

在实际问题中,如果函数关系式中的函数值客观上存在最大值或最小值,并且函数在定义域内驻点唯一,那么该驻点对应的函数值就是我们所要求的最大值或最小值.

【例 3-3-4】　要建造一个圆柱形油罐,体积为 V,问底半径 r 和高 h 等于多少时,才能使表面积最小?这时底直径与高的比是多少?

解　画草图(见图 3-3-4).

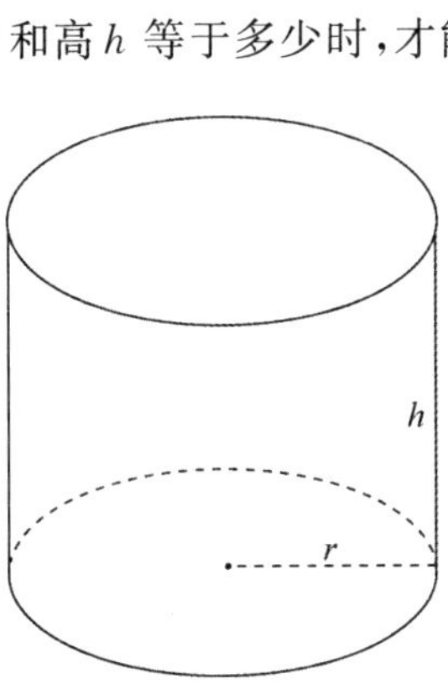

由 $V = \pi r^2 h$,得 $h = \dfrac{V}{\pi r^2}$,于是油罐表面积为

$$S = 2\pi r^2 + 2\pi rh = 2\pi r^2 + \frac{2V}{r} \quad (0 < r < +\infty),$$

$$S' = 4\pi r - \frac{2V}{r^2}.$$

令 $S' = 0$,得驻点　$r = \sqrt[3]{\dfrac{V}{2\pi}}$.

图 3-3-4

因为驻点唯一,所以 S 在驻点 $r = \sqrt[3]{\dfrac{V}{2\pi}}$ 处取得最小值,这时相应的高为 $h = \dfrac{V}{\pi r^2} = 2r$,

底直径与高的比为 $2r : h = 1 : 1$.

方法总结：求函数的极值与最值,是微积分中的重要方法,其主要思路是利用导数工具,结合函数单调性来进行计算.闭区间上的连续函数一定存在最大值和最小值,并且最值存在于端点、驻点和不可导点的函数值之中,通过比较求出最大值和最小值.求实际问题的最值,首先选取适当的自变量,建立函数关系,再运用应用题中的最值解法来进行讨论.

▶▶▶▶ 习题 3-3 ◀◀◀◀

1. 求函数 $y = x^4 - x^2$ 的极值.

2. 求函数 $y = x - \ln(x + 1)$ 的极值.

3. 求函数 $y = x^3 - 3x^2 - 9x + 5$ 在区间 $[-2, 4]$ 上的最大值和最小值.

4. 求函数 $y = x^3 - 6x^2 + 9x - 4$ 的极值.

5. 一个边长为 a 的正方形薄片,从四角各截去一个小方块,然后折成一个无盖的方盒子,问截取的小方块的边长等于多少时,方盒子的容量最大?

*§3-4 函数的凹凸性与拐点

🏅 学习要求

1. 掌握函数的凹凸性及拐点的概念;

2. 运用函数的凹凸性判定函数的极值;

3. 能描绘简单函数的图形.

👥 学习重点

1. 函数的凹凸性与拐点的判断;

2. 运用列表法描绘函数图形.

🧩 学习难点

1. 函数拐点的判断;

2. 函数图形描绘的步骤.

一、函数的凹凸性与拐点

定义 3-4-1 设曲线 $y = f(x)$ 在区间 (a, b) 内各点都有切线,若曲线上每一点处的切线都在它的下方,则称曲线 $y = f(x)$ 在 (a, b) 内是凹的,也称区间 (a, b) 为曲线 $y = f(x)$ 的凹区间;若曲线上每一点处的切线都在它的上方,则称曲线 $y = f(x)$ 在 (a, b) 内是凸的,也称区间(a,b)为曲线$y=f(x)$的凸区间(见图 3-4-1).

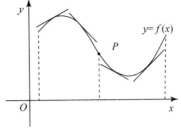

定义 3-4-2 若连续曲线$y=f(x)$上的点P是凹的曲线弧与凸的曲线弧的分界点,则称点P是曲线$y=f(x)$的拐点.

定理 3-4-1(曲线凹凸性的判别法则) 设函数$y=f(x)$在(a,b)内具有二阶导数,则

图 3-4-1

(1) 如果在(a,b)内$f''(x)>0$,则曲线$y=f(x)$在区间(a,b)内是凹的;

(2) 如果在(a,b)内$f''(x)<0$,则曲线$y=f(x)$在区间(a,b)内是凸的.

问题 1:求曲线拐点的步骤是什么?

答:① 确定函数$f(x)$的定义域,并求$f''(x)$;

② 求出$f''(x)=0$和$f''(x)$不存在的点,设它们为$x_1,x_2,\cdots,x_N$;

③ 对于步骤②中求出的每一个点$x_i(i=1,2,\cdots,N)$,考察$f''(x)$在x_i两侧附近是否变号,如果$f''(x)$变号,则点$(x_i,f(x_i))$就是曲线$y=f(x)$的拐点.

【例 3-4-1】 讨论曲线$f(x)=x^3$的凹凸性.

解 函数$f(x)=x^3$的定义域为$(-\infty,+\infty)$,且
$$f'(x)=3x^2,$$
$$f''(x)=6x.$$

当$x<0$时,$f''(x)<0$,曲线在区间$(-\infty,0)$内是凸的;

当$x>0$时,$f''(x)>0$,曲线在区间$(0,+\infty)$内是凹的;

当$x=0$时,$f''(x)=0$,点$(0,0)$是曲线上由凹变凸的分界点.

【例 3-4-2】 求函数$y=\ln(1+x^2)$的凹向及拐点.

解 函数的定义域为$(-\infty,+\infty)$,且
$$y'=\frac{2x}{1+x^2},$$
$$y''=\frac{2(1+x^2)-2x\cdot 2x}{(1+x^2)^2}=\frac{2(1-x^2)}{(1+x^2)^2}.$$

令$y''=0$,得
$$y=\pm 1.$$

列表如下:

x	$(-\infty,-1)$	-1	$(-1,1)$	1	$(1,+\infty)$
y''	$-$	0	$+$	0	$-$
y	$\cap$	拐点	$\cup$	拐点	$\cup$

由上表可知,上凹区间为$(-1,1)$,下凹区间为$(-\infty,-1)$和$(1,+\infty)$,曲线的拐点为$(-1,\ln 2)$和$(1,\ln 2)$.

二、函数图形的描绘

定义 3-4-3　若 $\lim\limits_{x\to+\infty}f(x)=b$ 或 $\lim\limits_{x\to-\infty}f(x)=b$，则称直线 $y=b$ 为曲线 $y=f(x)$ 的水平渐近线；若 $\lim\limits_{x\to a^{+}}f(x)=\infty$ 或 $\lim\limits_{x\to a^{-}}f(x)=\infty$，则称直线 $x=a$ 为曲线 $y=f(x)$ 的铅直渐近线.

问题 2：描绘函数 $y=f(x)$ 图形的一般步骤是什么？

答：① 确定函数 $f(x)$ 的定义域，并考察函数的奇偶性与周期性；

② 求出方程 $f'(x)=0$，$f''(x)=0$ 在函数定义域内的全部实根，以及 $f'(x)$，$f''(x)$ 不存在的点，记为 $x_i(i=1,2,\cdots,n)$，并将 x_i 由小到大排列，将定义域分割成若干个小区间；

③ 用特殊值代入法，求出在这些区间内 $f'(x)$ 和 $f''(x)$ 的符号，从而确定函数的单调性、凹凸性、极值点、拐点；

④ 考察曲线的渐近线及其他变化趋势；

⑤ 由曲线的方程计算出一些特殊点的坐标，如极值点和极值、不可导点、拐点和二阶导数不存在的点、图形与坐标轴的交点的坐标等，然后综合上述讨论的结果画出函数 $y=f(x)$ 的图形.

【例 3-4-3】　画出函数 $y=x^3-x^2-x+1$ 的图形.

解　(1) 函数的定义域为 $(-\infty,+\infty)$.

(2)
$$y'=3x^2-2x-1=(3x+1)(x-1),$$
$$y''=6x-2=3(x-1).$$

令 $y'=0$，得 $x=-\dfrac{1}{3}$ 和 1；

令 $y''=0$，得 $x=\dfrac{1}{3}$.

(3) 列表分析：

x	$\left(-\infty,-\dfrac{1}{3}\right)$	$-\dfrac{1}{3}$	$\left(-\dfrac{1}{3},\dfrac{1}{3}\right)$	$\dfrac{1}{3}$	$\left(\dfrac{1}{3},1\right)$	1	$(1,+\infty)$
$f'(x)$	$+$	0	$-$	$-$	$-$	0	$+$
$f''(x)$	$-$	$-$	$-$	0	$+$	$+$	$+$
$f(x)$	↗	极大值	↘	拐点	↘	极小值	↗

(4) 当 $x\to+\infty$ 时，$y\to+\infty$；当 $x\to-\infty$ 时，$y\to-\infty$.

(5) 计算特殊点：$f(-1)=0$，$f\left(-\dfrac{1}{3}\right)=\dfrac{32}{27}$，$f(0)=1$，$f\left(\dfrac{1}{3}\right)=\dfrac{16}{27}$，$f(1)=0$，$f\left(\dfrac{3}{2}\right)=\dfrac{5}{8}$.

描点连线画出图形(见图 3-4-2).

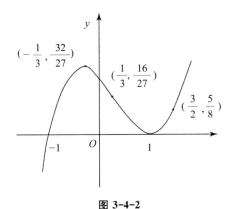

图 3-4-2

方法总结：函数的图形是函数性态的几何直观表示,它有助于我们对函数性态的了解,准确画出函数图形的前提是正确讨论函数的单调性、极值、凹凸性与拐点以及渐近线等.单调性与极值主要运用导数来解决,凹凸性与拐点需要借助二阶导数来进行.

▶▶▶▶ 习题 3-4 ◀◀◀◀

1. 求曲线 $f(x) = \dfrac{1}{8}x^4 - x^2$ 的凹凸区间与拐点.

2. 求曲线 $y = 2 + (x-4)^{\frac{1}{3}}$ 的凹凸区间与拐点.

3. 求曲线 $f(x) = x^4 - 4x^3 + 2x - 5$ 的凹凸区间与拐点.

4. 求曲线 $y = 3x^4 - 4x^3 + 1$ 的凹凸区间与拐点.

5. 描绘函数 $f(x) = \dfrac{x}{1+x^2}$ 的图形.

第 3 章自测题

(总分 100 分,时间 90 分钟)

一、判断题(对的打"√",错的打"×",每小题 2 分,共 20 分)

1. 对任意函数 $f(x)$ 和 $g(x)$ 都有 $\lim\limits_{x \to x_0} \dfrac{f(x)}{g(x)} = \lim\limits_{x \to x_0} \dfrac{f'(x)}{g'(x)}$. 　　　(　)

2. 函数 $y = 1 - 2x^2$ 在区间 $(0, +\infty)$ 上单调递减. 　　　(　)

3. 函数的极大值一定比极小值要大. 　　　(　)

4. 极值点一定是驻点,但驻点不一定是极值点. 　　　(　)

5. 若 $f'(x_0) = 0$,则 x_0 必是极值点. 　　　(　)

6. 函数的极大值就是函数的最大值. 　　　(　)

7. 函数 $f(x) = x^2 - x$ 在区间 $[0,1]$ 上的最小值为 0. 　　　(　)

8. $\lim\limits_{x\to\infty}\dfrac{x+\sin x}{x-\sin x}=\lim\limits_{x\to\infty}\dfrac{1+\cos x}{1-\sin x}=1.$　　　　　　　　　　　　（　　）

*9. 函数 $y=4-\ln x$ 在区间 $(0,+\infty)$ 上是凹的.　　　　　　　　　　（　　）

*10. 若 $f''(x_0)=0$，则点 $(x_0,f(x_0))$ 为拐点.　　　　　　　　　　（　　）

二、选择题（每小题 2 分，共 10 分）

1. 极限 $\lim\limits_{x\to a}\dfrac{\sin x-\sin a}{x-a}$ 的值为　　　　　　　　　　　　　　（　　）

A. $\sin a$　　　　　　B. $\cos a$　　　　　　C. 0　　　　　　D. ∞

2. 函数 $y=2x^2-16x$ 的驻点是　　　　　　　　　　　　　　　　　（　　）

A. $x=1$　　　　　　　　　　　B. $x=2$

C. $x=3$　　　　　　　　　　　D. $x=4$

3. 若点 x_0 为函数 $y=f(x)$ 的驻点，则下列关于 $y=f(x)$ 在点 x_0 处说法正确的是

　　　　　　　　　　　　　　　　　　　　　　　　　　　　　　　　（　　）

A. 必有极值　　　　　　　　　B. 必有极大值

C. 必有极小值　　　　　　　　D. 可能有极值，也可能没有极值

4. 若 $y=2x-3x^2$，则函数在区间 $[0,1]$ 上的最大值为　　　　　　　（　　）

A. -1　　　　　B. $-\dfrac{1}{3}$　　　　　C. 0　　　　　D. $\dfrac{1}{3}$

*5. 若 $f(x)$ 在 (a,b) 内恒有 $f''(x)<0$，则 $f(x)$ 在 (a,b) 内是　　　（　　）

A. 递增的　　　　　　　　　　B. 递减的

C. 凸的　　　　　　　　　　　D. 凹的

三、填空题（每小题 2 分，共 20 分）

1. 极限 $\lim\limits_{x\to1}\dfrac{x^5-1}{x-1}=$ _____.

2. 极限 $\lim\limits_{x\to0}\dfrac{\ln(1+x)}{4x}=$ _____.

*3. 函数 $f(x)=x(x-4)$ 在 $[0,4]$ 上满足罗尔中值定理的 $\zeta=$ _____.

*4. 函数 $f(x)=x^3-x$ 在 $[1,4]$ 上满足拉格朗日中值定理的 $\zeta=$ _____.

5. 函数 $y=x+\sin x$ 在区间 $[0,2\pi]$ 上的驻点为 _____.

6. 函数 $y=4x^3+5$ 在 $(-\infty,+\infty)$ 上单调 _____（增加或减少）.

7. 函数 $f(x)=x^2-4x$ 的极小值为 _____.

8. 函数 $y=x^2+2x$ 在区间 $[-2,0]$ 上的最大值为 _____，最小值为 _____.

*9. 函数 $y=e^{-x}$ 的凹区间为 _____.

*10. 函数 $y=2-(x+1)^5$ 的拐点为 _____.

四、计算与解答题（共 50 分）

1. 求下列函数的极限（每小题 5 分，共 10 分）：

(1) $\lim\limits_{x\to1}\left(\dfrac{2}{x^2-1}-\dfrac{1}{x-1}\right)$;　　　　　(2) $\lim\limits_{x\to0}\dfrac{1-\cos x}{2x^2}$.

2. 求函数 $f(x) = x^3 - 12x + 1$ 的单调区间和极值(10 分).

3. 求函数 $f(x) = 2x^3 + 3x^2 - 12x + 14$ 在区间 $[-3,4]$ 上的最大值和最小值(10 分).

4. 某地区拟建一个截面形状为矩形上方加半圆的防空洞,已知截面的面积为 S.问:底宽 x 为多少时才能使截面的周长最小,从而使建造时所用的材料最省(10 分)?

*5. 证明:当 $x > 1$ 时,$2\sqrt{x} > 3 - \dfrac{1}{x}$(10 分).

第4章 不定积分

知识概要

基本概念：原函数、不定积分、积分曲线.

基本公式：基本积分公式、分部积分公式.

基本方法：直接积分法、第一换元积分法（凑微分法）、第二换元积分法（变量替代法）、分部积分法.

基本定理：不定积分的性质、积分和微分间关系定理.

§4-1 不定积分的概念与性质及基本公式

学习目标

1. 理解原函数的概念和不定积分的概念；
2. 了解原函数存在的定理；
3. 理解积分曲线的概念；
4. 初步掌握基本积分表和不定积分的性质.

学习重点

1. 原函数、不定积分的概念；
2. 基本积分表；
3. 不定积分的性质.

学习难点

1. 不定积分与积分曲线的概念；
2. 运用基本积分表和不定积分的性质求不定积分.

一、原函数的概念

定义 4-1-1　如果在区间 I 上,可导函数 $F(x)$ 的导数为 $f(x)$,即对于任意的 $x \in I$,都有

$$F'(x) = f(x) \quad 或 \quad \mathrm{d}F(x) = f(x)\mathrm{d}x,$$

那么称函数 $F(x)$ 为 $f(x)$ 在区间 I 上的一个原函数.

问题 1：什么样的函数有原函数?

答：闭区间上的连续函数一定存在原函数.

问题 2：如果 $f(x)$ 有原函数,那么它有多少个原函数?

答：如果 $f(x)$ 有原函数,那么它的原函数就有无穷多个.

问题 3：$f(x)$ 的所有原函数具有什么形式?

答：设 $F(x)$ 是 $f(x)$ 在区间 I 上的一个原函数,则 $f(x)$ 的所有原函数的一般形式是 $F(x) + C$.

【例 4-1-1】　已知函数 $f(x) = \cos x$,求 $f(x)$ 的所有原函数.

解　在区间 $(-\infty, +\infty)$ 内,因为 $(\sin x)' = \cos x$,所以 $\sin x$ 是 $\cos x$ 的一个原函数.

又因为　　　　　　$(\sin x + C)' = \cos x$ 　（C 为任意常数）,

所以　　　　　　　　　　$\sin x + C$ 　（C 为任意常数）

是 $\cos x$ 的所有原函数.

二、不定积分的概念

定义 4-1-2　在区间 I 上,函数 $f(x)$ 的所有原函数称为 $f(x)$ 在区间 I 上的不定积分,记作 $\int f(x)\mathrm{d}x$,其中记号"$\int$"称为积分号,$f(x)$ 称为被积函数,$f(x)\mathrm{d}x$ 称为被积表达式,x 称为积分变量.如果 $F(x)$ 是 $f(x)$ 的一个原函数,那么 $F(x) + C$ 就是 $f(x)$ 的不定积分.即

$$\int f(x)\mathrm{d}x = F(x) + C.$$

其中,C 是任意常数,称为积分常数.

问题 4：在不定积分 $\int f(x)\mathrm{d}x$ 的结果中,任意常数是必需的吗?

答：不定积分 $\int f(x)\mathrm{d}x$ 表示 $f(x)$ 的所有原函数,它的结果中一定要含有任意常数 C.

【例 4-1-2】　求下列不定积分：

(1) $\int x^2 \mathrm{d}x$;

(2) $\int \mathrm{e}^x \mathrm{d}x$.

解 (1) 因为 $\left(\dfrac{1}{3}x^3\right)' = x^2$，即 $\dfrac{1}{3}x^3$ 是 x^2 的一个原函数，所以

$$\int x^2 \mathrm{d}x = \frac{1}{3}x^3 + C.$$

(2) 因为 $(\mathrm{e}^x)' = \mathrm{e}^x$，即 e^x 是 e^x 的一个原函数，所以

$$\int \mathrm{e}^x \mathrm{d}x = \mathrm{e}^x + C.$$

定义 4-1-3 函数 $f(x)$ 的原函数的图形称为 $f(x)$ 的积分曲线.

问题 5：不定积分 $\int f(x)\mathrm{d}x$ 的图形是什么？

答：因为 $f(x)$ 的原函数之间相差一个常数，所以 $f(x)$ 的原函数的图形构成了 $f(x)$ 的积分曲线族（见图 4-1-1）.

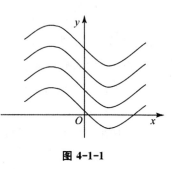

图 4-1-1

【例 4-1-3】 设曲线在任意一点处的切线斜率为 $2x$，且曲线过点 $(3,10)$，求该曲线的方程.

解 由题意得 $\int 2x\mathrm{d}x = x^2 + C$，即曲线方程为

$$y = x^2 + C.$$

将点 $(3,10)$ 代入得 $C = 1$，则所求曲线方程为

$$y = x^2 + 1.$$

三、不定积分的性质

性质 4-1-1（不定积分与导数、微分互为逆运算）

$$\left[\int f(x)\mathrm{d}x\right]' = f(x) \quad \text{或} \quad \mathrm{d}\int f(x)\mathrm{d}x = f(x)\mathrm{d}x;$$

$$\int F'(x)\mathrm{d}x = F(x) + C \quad \text{或} \quad \int \mathrm{d}F(x) = F(x) + C.$$

性质 4-1-2（不定积分的和差运算的性质） 设函数 $f(x)$ 及 $g(x)$ 的原函数存在，则

$$\int [f(x) \pm g(x)]\mathrm{d}x = \int f(x)\mathrm{d}x \pm \int g(x)\mathrm{d}x.$$

性质 4-1-3（不定积分的数乘运算的性质） 设函数 $f(x)$ 的原函数存在，k 为非零常数，则

$$\int kf(x)\mathrm{d}x = k\int f(x)\mathrm{d}x.$$

四、不定积分的基本积分表

因为求不定积分是求导（或求微）的逆运算，所以我们从导数公式可以得到相应的积

分公式.

例如：因为 $(x^{\alpha+1})' = (\alpha+1)x^{\alpha}$，即

$$\left(\frac{1}{\alpha+1}x^{\alpha+1}\right)' = x^{\alpha} \quad (\alpha \neq -1),$$

所以

$$\int x^{\alpha}\mathrm{d}x = \frac{1}{\alpha+1}x^{\alpha+1} + C \quad (\alpha \neq -1).$$

由此可计算

$$\int x^2\mathrm{d}x = \frac{1}{2+1}x^{2+1} + C = \frac{1}{3}x^3 + C.$$

类似地可以得到其他积分公式,下面我们把一些基本的积分公式列成表 4-1-1,这个表通常称为基本积分表.

表 4-1-1

序号	基本积分公式
1	$\int k\mathrm{d}x = kx + C$　（k 为常数）
2	$\int x^{\mu}\mathrm{d}x = \frac{1}{\mu+1}x^{\mu+1} + C$　（$\mu \neq -1$）
3	$\int \frac{1}{x}\mathrm{d}x = \ln|x| + C$
4	$\int \mathrm{e}^x\mathrm{d}x = \mathrm{e}^x + C$
5	$\int a^x\mathrm{d}x = \frac{a^x}{\ln a} + C$　（$a > 0$ 且 $a \neq 1$）
6	$\int \cos x\mathrm{d}x = \sin x + C$
7	$\int \sin x\mathrm{d}x = -\cos x + C$
8	$\int \frac{1}{\cos^2 x}\mathrm{d}x = \int \sec^2 x\mathrm{d}x = \tan x + C$
9	$\int \frac{1}{\sin^2 x}\mathrm{d}x = \int \csc^2 x\mathrm{d}x = -\cot x + C$
10	$\int \sec x \cdot \tan x\mathrm{d}x = \sec x + C$
11	$\int \csc x \cdot \cot x\mathrm{d}x = -\csc x + C$
12	$\int \frac{1}{1+x^2}\mathrm{d}x = \arctan x + C$
13	$\int \frac{1}{\sqrt{1-x^2}}\mathrm{d}x = \arcsin x + C$

以上 13 个基本积分公式是求不定积分的基础,必须熟记.

【例 4-1-4】 求下列不定积分：

(1) $\int \sqrt{x}\,\mathrm{d}x$；

(2) $\int \dfrac{1}{x^2}\,\mathrm{d}x$；

(3) $\int x^3\sqrt{x}\,\mathrm{d}x$.

解 (1) $\int \sqrt{x}\,\mathrm{d}x = \int x^{\frac{1}{2}}\,\mathrm{d}x = \dfrac{1}{\frac{1}{2}+1}x^{\frac{1}{2}+1} + C = \dfrac{2}{3}x^{\frac{3}{2}} + C$；

(2) $\int \dfrac{1}{x^2}\,\mathrm{d}x = \int x^{-2}\,\mathrm{d}x = \dfrac{1}{-2+1}x^{-2+1} + C = -\dfrac{1}{x} + C$；

(3) $\int x^3\sqrt{x}\,\mathrm{d}x = \int x^{\frac{7}{2}}\,\mathrm{d}x = \dfrac{1}{\frac{7}{2}+1}x^{\frac{7}{2}+1} + C = \dfrac{2}{9}x^{\frac{9}{2}} + C$.

【例 4-1-5】 求不定积分 $\int (x^3 + x + 4)\,\mathrm{d}x$.

解 $\int (x^3 + x + 4)\,\mathrm{d}x = \dfrac{1}{4}x^4 + \dfrac{1}{2}x^2 + 4x + C$.

【例 4-1-6】 求不定积分 $\int (x^3 - \sin x + 2^x)\,\mathrm{d}x$.

解 $\int (x^3 - \sin x + 2^x)\,\mathrm{d}x = \int x^3\,\mathrm{d}x - \int \sin x\,\mathrm{d}x + \int 2^x\,\mathrm{d}x$

$$= \dfrac{1}{4}x^4 + \cos x + \dfrac{2^x}{\ln 2} + C.$$

【例 4-1-7】 求不定积分 $\int \cos^2 \dfrac{x}{2}\,\mathrm{d}x$.

解 $\int \cos^2 \dfrac{x}{2}\,\mathrm{d}x = \int \dfrac{\cos x + 1}{2}\,\mathrm{d}x = \dfrac{1}{2}\sin x + \dfrac{1}{2}x + C$.

【例 4-1-8】 求不定积分 $\int \dfrac{x^4\,\mathrm{d}x}{1+x^2}$.

解 $\int \dfrac{x^4\,\mathrm{d}x}{1+x^2} = \int \dfrac{(x^4-1)+1}{1+x^2}\,\mathrm{d}x = \int \left(x^2 - 1 + \dfrac{1}{1+x^2}\right)\mathrm{d}x$

$$= \dfrac{x^3}{3} - x + \arctan x + C.$$

方法总结：直接用基本公式与运算性质求不定积分，或者对被积函数进行适当的恒等变形(包括代数变形和三角变形)，再利用积分基本公式与运算法则求不定积分的方法叫作直接积分法.

▶▶▶▶ 习题 4-1 ◀◀◀◀

1. 求下列不定积分：

(1) $\int x\,\mathrm{d}x$；

(2) $\int 3^x\,\mathrm{d}x$；

(3) $\int x^2 \sqrt{x}\,\mathrm{d}x$；

(4) $\int \dfrac{1}{x^3}\mathrm{d}x$；

(5) $\int (3x^3 + 4x + 5)\mathrm{d}x$；

(6) $\int \dfrac{\sqrt{x}}{x}\mathrm{d}x$；

(7) $\int (\sin x + \cos x)\mathrm{d}x$；

(8) $\int \left(\dfrac{2}{1+x^2} - \dfrac{3}{\sqrt{1-x^2}} \right)\mathrm{d}x$；

(9) $\int \dfrac{x^2 - 1}{x^2 + 1}\mathrm{d}x$；

(10) $\int \dfrac{2 - \sqrt{1-x^2}}{\sqrt{1-x^2}}\mathrm{d}x$．

2. 设曲线在任意一点处的切线斜率为 $3x^2$，且曲线过点 $(0,2)$，求该曲线的方程．

§4-2 不定积分的第一类换元积分法

学习目标

熟练掌握第一类换元积分法．

学习重点

用第一类换元积分法求不定积分．

学习难点

分解被积函数，使得 $\int g(x)\mathrm{d}x = \int f[\varphi(x)]\varphi'(x)\mathrm{d}x = \int f[\varphi(x)]\mathrm{d}\varphi(x)$．

定理 4-2-1 若 $\int f(x)\mathrm{d}x = F(x) + C$，则 $\int f(u)\mathrm{d}u = F(u) + C$，其中 $u = \varphi(x)$ 是 x 的任一可微函数．

该定理表明，在基本积分公式中，当自变量 x 换成任一可微函数 $u = \varphi(x)$ 后，公式仍然成立，这就大大扩大了基本积分公式的使用范围．

第一类换元积分法是与复合函数求导法则相对应的一种求不定积分的方法．为了说明这种方法，我们先看一个引例：

【引例 4-2-1】 求不定积分 $\int \cos 2x\,\mathrm{d}x$．

分析 根据基本积分表中的公式，有

$$\int \cos x\,\mathrm{d}x = \sin x + C,$$

很自然地我们会想到 $\int \cos 2x\,\mathrm{d}x = \sin 2x + C$ 是否成立．由复合函数的求导法则，得

$$(\sin2x + C)' = 2\cos2x \neq \cos2x.$$

为什么会产生这种错误呢?

因为不能直接套用公式,所以我们必须把原积分进行变形后再计算,即

$$\int \cos2x\mathrm{d}x = \frac{1}{2}\int \cos2x\mathrm{d}2x \xrightarrow{\text{令} 2x = u} \frac{1}{2}\int \cos u\mathrm{d}u$$

$$= \frac{1}{2}\sin u + C \xrightarrow{\text{回代} u = 2x} \frac{1}{2}\sin2x + C.$$

验证:$\left(\dfrac{1}{2}\sin2x + C\right)' = \cos2x$,故所得结论是正确的.

结论:若 $f(u)$ 有原函数 $F(u)$,且 $u = \varphi(x)$ 具有连续的导函数,则 $F[\varphi(x)]$ 是 $f[\varphi(x)]\varphi'(x)$ 的原函数,即

$$\int f[\varphi(x)]\varphi'(x)\mathrm{d}x = \int f[\varphi(x)]\mathrm{d}\varphi(x) \xrightarrow{\text{令} \varphi(x) = u} \int f(u)\mathrm{d}u$$

$$= F(u) + C \xrightarrow{\text{回代} u = \varphi(x)} F[\varphi(x)] + C.$$

这种先凑微分,再做变量代换的方法,称为第一类换元法,也称为凑微分法.

【例 4-2-1】 求不定积分 $\displaystyle\int \mathrm{e}^{2x}\mathrm{d}x$.

解 $\displaystyle\int \mathrm{e}^{2x}\mathrm{d}x \xrightarrow{\text{凑微分}} \frac{1}{2}\int \mathrm{e}^{2x}(2x)'\mathrm{d}x = \frac{1}{2}\int \mathrm{e}^{2x}\mathrm{d}(2x) \xrightarrow{\text{令} 2x = u} \frac{1}{2}\int \mathrm{e}^u\mathrm{d}u$

$$= \frac{1}{2}\mathrm{e}^u + C \xrightarrow{\text{回代} u = 2x} \frac{1}{2}\mathrm{e}^{2x} + C.$$

【例 4-2-2】 求不定积分 $\displaystyle\int \sin^2 x\cos x\mathrm{d}x$.

解 $\displaystyle\int \sin^2 x\cos x\mathrm{d}x \xrightarrow{\text{凑微分}} \int \sin^2 x(\sin x)'\mathrm{d}x = \int \sin^2 x\mathrm{d}\sin x \xrightarrow{\text{令} \sin x = u} \int u^2\mathrm{d}u$

$$= \frac{u^3}{3} + C \xrightarrow{\text{回代} u = \sin x} \frac{\sin^3 x}{3} + C.$$

问题 1:用第一类换元积分法求不定积分的步骤是什么?其难点是什么?

答:用第一类换元积分法求不定积分的步骤包括"凑、换元、积分、回代",其难点在于凑微分这一步骤.

问题 2:如何高效解决凑微分这一步骤?

答:这就需要我们在解题过程中,不断积累解题的技巧和经验.熟悉下列微分式子,有助于求不定积分.

(1) $\mathrm{d}x = \dfrac{1}{a}\mathrm{d}(ax + b)$; (2) $x\mathrm{d}x = \dfrac{1}{2}\mathrm{d}x^2$;

(3) $\mathrm{e}^x\mathrm{d}x = \mathrm{d}(\mathrm{e}^x)$; (4) $\dfrac{1}{\sqrt{x}}\mathrm{d}x = 2\mathrm{d}(\sqrt{x})$;

(5) $\dfrac{1}{x}\mathrm{d}x = \mathrm{d}(\ln|x|)$; (6) $\sin x\mathrm{d}x = -\mathrm{d}(\cos x)$;

(7) $\cos x\mathrm{d}x = \mathrm{d}(\sin x)$; (8) $\sec^2 x\mathrm{d}x = \mathrm{d}(\tan x)$;

(9) $\csc^2 x \mathrm{d}x = -\mathrm{d}(\cot x)$; $\qquad\qquad$ (10) $\dfrac{1}{\sqrt{1-x^2}}\mathrm{d}x = \mathrm{d}(\arcsin x)$;

(11) $\dfrac{1}{1+x^2}\mathrm{d}x = \mathrm{d}(\arctan x)$.

当运算熟练后,所设的变量代换 $u = \varphi(x)$ 可以不必写出,只要一边演算,一边在心中默记就可以了.

【例 4-2-3】 求不定积分 $\displaystyle\int x\mathrm{e}^{x^2}\mathrm{d}x$.

解 $\displaystyle\int x\mathrm{e}^{x^2}\mathrm{d}x = \frac{1}{2}\int \mathrm{e}^{x^2}\cdot(x^2)'\mathrm{d}x = \frac{1}{2}\int \mathrm{e}^{x^2}\mathrm{d}(x^2) = \frac{1}{2}\mathrm{e}^{x^2} + C.$

【例 4-2-4】 求不定积分 $\displaystyle\int \frac{\ln^2 x}{x}\mathrm{d}x$.

解 $\displaystyle\int \frac{\ln^2 x}{x}\mathrm{d}x = \int \ln^2 x \,\mathrm{d}(\ln x) = \frac{1}{3}\ln^3 x + C.$

【例 4-2-5】 求不定积分 $\displaystyle\int \frac{1}{x^2}\sin\frac{1}{x}\mathrm{d}x$.

解 $\displaystyle\int \frac{1}{x^2}\sin\frac{1}{x}\mathrm{d}x = -\int \sin\frac{1}{x}\mathrm{d}\left(\frac{1}{x}\right) = \cos\frac{1}{x} + C.$

以上几例都可以直接利用常用微分式来凑微分,相对较简单,但有时需要对被积函数进行变形后才能凑微分.

【例 4-2-6】 求不定积分 $\displaystyle\int \tan x \,\mathrm{d}x$.

解 $\displaystyle\int \tan x \,\mathrm{d}x = \int \frac{\sin x}{\cos x}\mathrm{d}x = -\int \frac{1}{\cos x}\mathrm{d}\cos x = -\ln|\cos x| + C.$

类似地可得

$$\int \cot x \,\mathrm{d}x = \ln|\sin x| + C.$$

【例 4-2-7】 求不定积分 $\displaystyle\int \sec x \,\mathrm{d}x$.

解 $\displaystyle\int \sec x \,\mathrm{d}x = \int \frac{\sec x(\sec x + \tan x)}{\sec x + \tan x}\mathrm{d}x = \int \frac{\sec^2 x + \sec x \tan x}{\sec x + \tan x}\mathrm{d}x$

$\qquad = \displaystyle\int \frac{1}{\sec x + \tan x}\mathrm{d}(\sec x + \tan x) = \ln|\sec x + \tan x| + C.$

类似地可得

$$\int \csc x \,\mathrm{d}x = \ln|\csc x - \cot x| + C.$$

【例 4-2-8】 求不定积分 $\displaystyle\int \frac{1}{\sqrt{a^2-x^2}}\mathrm{d}x \,(a > 0)$.

解 $\displaystyle\int \frac{1}{\sqrt{a^2-x^2}}\mathrm{d}x = \int \frac{\mathrm{d}x}{a\sqrt{1-\left(\frac{x}{a}\right)^2}} = \int \frac{\mathrm{d}\left(\frac{x}{a}\right)}{\sqrt{1-\left(\frac{x}{a}\right)^2}} = \arcsin\frac{x}{a} + C.$

【例 4-2-9】 求不定积分 $\int \dfrac{1}{a^2 + x^2}\mathrm{d}x (a \neq 0)$.

解 $\int \dfrac{1}{a^2 + x^2}\mathrm{d}x = \dfrac{1}{a^2}\int \dfrac{\mathrm{d}x}{1 + \left(\dfrac{x}{a}\right)^2} = \dfrac{1}{a}\int \dfrac{\mathrm{d}\left(\dfrac{x}{a}\right)}{1 + \left(\dfrac{x}{a}\right)^2} = \dfrac{1}{a}\arctan \dfrac{x}{a} + C.$

问题 3：例 4-2-6 至例 4-2-9 中的几个积分结果可以直接当公式用吗？

答：这些积分结果可当作积分公式来应用.

方法总结：在运用第一换元积分法时，有时需要对被积函数做适当的代数运算或三角运算，然后再根据基本积分公式凑微分，其重点是一个"凑"字，具有很强的技巧性. 只有在练习过程中，随时总结和积累经验，才能灵活运用.

▶▶▶▶ **习题 4-2** ◀◀◀◀

求下列不定积分：

(1) $\int \sin 3x\mathrm{d}x$;

(2) $\int \cos 3x\mathrm{d}x$;

(3) $\int \mathrm{e}^{4x}\mathrm{d}x$;

(4) $\int \mathrm{e}^{-2x}\mathrm{d}x$;

(5) $\int (x+1)^2\mathrm{d}x$;

(6) $\int (x+3)^4\mathrm{d}x$;

(7) $\int \dfrac{1}{\sqrt{4-x^2}}\mathrm{d}x$;

(8) $\int \dfrac{1}{9+x^2}\mathrm{d}x$;

(9) $\int \dfrac{\ln^4 x}{x}\mathrm{d}x$;

(10) $\int \mathrm{e}^{\sin x}\cos x\mathrm{d}x$.

§4-3　不定积分的第二类换元积分法

📖 学习目标

理解第二类换元积分法.

👑 学习重点

用第二类换元积分法求不定积分.

🧩 学习难点

三角换元的选择.

一、不定积分的第二类换元积分法

设 $x = \varphi(t)$ 是单调的可导函数,并且 $\varphi'(x) \neq 0$,又设 $f[\varphi(t)]\varphi'(t)$ 具有原函数 $F(t)$,则

$$\int f(x)\mathrm{d}x \xrightarrow{\text{令 } x = \varphi(t)} \int f(\varphi(t))\varphi'(t)\mathrm{d}t = F(t) + C$$

$$\xrightarrow{\text{回代 } t = \varphi^{-1}(x)} F(\varphi^{-1}(x)) + C,$$

此式称为第二类换元积分公式,其中 $\varphi^{-1}(x)$ 是 $x = \varphi(t)$ 的反函数.设置 $x = \varphi(t)$ 时,一定要选择单调函数,这样就能由 $x = \varphi(t)$ 得到它的反函数 $t = \varphi^{-1}(x)$.

二、不定积分第二类换元积分法不同类型的处理模式

1. 代数换元

被积函数中含有 $\sqrt[n]{ax+b}$ 的不定积分,令 $\sqrt[n]{ax+b} = t$,则

$$x = \frac{1}{a}(t^n - b) \quad (a \neq 0),$$

$$\mathrm{d}x = \frac{n}{a}t^{n-1}\mathrm{d}t.$$

2. 三角换元

被积函数中含有二次根式 $\sqrt{a^2 - x^2}$, $\sqrt{a^2 + x^2}$, $\sqrt{x^2 - a^2}(a > 0)$ 的不定积分:

(1) 对于 $\sqrt{a^2 - x^2}$,设 $x = a\sin t, t \in \left(-\frac{\pi}{2}, \frac{\pi}{2}\right)$;

(2) 对于 $\sqrt{a^2 + x^2}$,设 $x = a\tan t, t \in \left(-\frac{\pi}{2}, \frac{\pi}{2}\right)$;

(3) 对于 $\sqrt{x^2 - a^2}$,设 $x = a\sec t, t \in \left(0, \frac{\pi}{2}\right)$.

【例 4-3-1】 求不定积分 $\displaystyle\int \frac{1}{1 + \sqrt{x}}\mathrm{d}x$.

解 求此积分的难点在于被积函数中含有 $\sqrt{x}$,为了消去根式,令 $\sqrt{x} = t(t > 0)$,则 $x = t^2, \mathrm{d}x = 2t\mathrm{d}t$,于是

$$\int \frac{1}{1 + \sqrt{x}}\mathrm{d}x = \int \frac{1}{1 + t} \cdot 2t\mathrm{d}t = 2\int \frac{1 + t - 1}{1 + t}\mathrm{d}t$$

$$= 2\int \left(1 - \frac{1}{1 + t}\right)\mathrm{d}t = 2(t - \ln|1 + t|) + C$$

$$\xrightarrow{\text{回代 } t = \sqrt{x}} 2[\sqrt{x} - \ln(1 + \sqrt{x})] + C.$$

【例 4-3-2】 求不定积分 $\displaystyle\int \sqrt{2x + 1}\,\mathrm{d}x$.

解　令 $\sqrt{2x+1}=t$,则 $x=\dfrac{t^2-1}{2}$,$\mathrm{d}x=t\mathrm{d}t$,于是

$$\int \sqrt{2x+1}\mathrm{d}x=\int t\cdot t\mathrm{d}t=\frac{1}{3}t^3+C$$

$$=\frac{1}{3}(2x+1)^{\frac{3}{2}}+C.$$

【例 4-3-3】　求不定积分 $\displaystyle\int \dfrac{\mathrm{d}x}{\sqrt{x}+\sqrt[4]{x}}$.

解　令 $\sqrt[4]{x}=t(t>0)$,则 $x=t^4$,$\mathrm{d}x=4t^3\mathrm{d}t$,于是

$$\int \frac{\mathrm{d}x}{\sqrt{x}+\sqrt[4]{x}}=\int \frac{4t^3\mathrm{d}t}{t^2+t}=4\int \frac{t^2\mathrm{d}t}{t+1}=4\int\left[\frac{(t^2-1)+1}{t+1}\right]\mathrm{d}t$$

$$=4\left[\int(t-1)\mathrm{d}t+\int \frac{\mathrm{d}t}{t+1}\right]$$

$$=2t^2-4t+4\ln|t+1|+C$$

$$=2\sqrt{x}-4\sqrt[4]{x}+4\ln(1+\sqrt[4]{x})+C.$$

【例 4-3-4】　求不定积分 $\displaystyle\int \dfrac{x}{\sqrt{x-3}}\mathrm{d}x$.

解　令 $\sqrt{x-3}=t(t>0)$,则 $x=t^2+3$,$\mathrm{d}x=2t\mathrm{d}t$,于是

$$\int \frac{x}{\sqrt{x-3}}\mathrm{d}x=\int \frac{t^2+3}{t}\cdot 2t\mathrm{d}t=2\int(t^2+3)\mathrm{d}t$$

$$=2\left(\frac{1}{3}t^3+3t\right)+C=\frac{2}{3}t^3+6t+C$$

$$=\frac{2}{3}(x-3)\sqrt{x-3}+6\sqrt{x-3}+C.$$

【例 4-3-5】　求不定积分 $\displaystyle\int \sqrt{a^2-x^2}\mathrm{d}x(a>0)$.

解　求这个积分的难点在于被积函数中含有 $\sqrt{a^2-x^2}$,为了去掉根式,我们可以利用三角恒等式 $\sin^2 t+\cos^2 t=1$ 来达到目的.

令 $x=a\sin t\left(-\dfrac{\pi}{2}<t<\dfrac{\pi}{2}\right)$,则 $\sqrt{a^2-x^2}=a\cos t$,$\mathrm{d}x=a\cos t\mathrm{d}t$,于是

$$\int \sqrt{a^2-x^2}\mathrm{d}x=a^2\int \cos^2 t\mathrm{d}t=\frac{a^2}{2}\int(1+\cos 2t)\mathrm{d}t$$

$$=\frac{a^2}{2}\left(t+\frac{1}{2}\sin 2t\right)+C$$

$$=\frac{a^2}{2}(t+\sin t\cos t)+C.$$

把变量 t 换成 x,由 $\sin t=\dfrac{x}{a}$,得 $t=\arcsin \dfrac{x}{a}$,$\cos t=\sqrt{1-\sin^2 t}=\dfrac{\sqrt{a^2-x^2}}{a}$,于是

$$原式 = \frac{a^2}{2}\arcsin\frac{x}{a} + \frac{x}{2}\sqrt{a^2 - x^2} + C.$$

【例 4-3-6】　求不定积分 $\int \dfrac{1}{\sqrt{x^2 + a^2}}dx(a > 0)$.

解　令 $x = a\tan t\left(-\dfrac{\pi}{2} < t < \dfrac{\pi}{2}\right)$，则 $\sqrt{x^2 + a^2} = \sqrt{a^2(\tan^2 t + 1)} = a\sec t$，

$dx = a\sec^2 t\,dt$，于是

$$\int \frac{1}{\sqrt{x^2 + a^2}}dx = \int \frac{a\sec^2 t}{a\sec t}dt = \int \sec t\,dt$$
$$= \ln |\sec t + \tan t| + C_1.$$

由 $\tan t = \dfrac{x}{a}$，作辅助三角形（见图 4-3-1），可 知 $\sec t = $

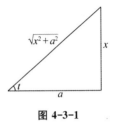

$\dfrac{\sqrt{x^2 + a^2}}{a}$，于是

$$\int \frac{1}{\sqrt{x^2 + a^2}}dx = \ln |\frac{\sqrt{x^2 + a^2}}{a} + \frac{x}{a}| + C_1$$
$$= \ln(\sqrt{x^2 + a^2} + x) + C \quad (其中 C = C_1 - \ln a).$$

图 4-3-1

【例 4-3-7】　求不定积分 $\int \dfrac{1}{\sqrt{x^2 - a^2}}dx(a > 0)$.

解　令 $x = a\sec t\left(0 < t < \dfrac{\pi}{2}\right)$，则 $dx = a\sec t\tan t\,dt$，于是

$$\int \frac{1}{\sqrt{x^2 - a^2}}dx = \int \frac{a\sec t\tan t}{a\tan t}dt = \int \sec t\,dt.$$

由 $\int \sec x\,dx$ 积分结果得

$$\int \frac{1}{\sqrt{x^2 - a^2}}dx = \ln |\sec t + \tan t| + C_1.$$

由 $\sec t = \dfrac{x}{a}$，作辅助三角形（见图 4-3-2），可知 $\tan t = $

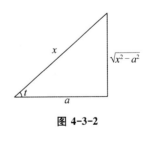

$\dfrac{\sqrt{x^2 - a^2}}{a}$，于是

$$\int \frac{1}{\sqrt{x^2 - a^2}}dx = \ln \left| \frac{x}{a} + \frac{\sqrt{x^2 - a^2}}{a} \right| + C_1$$
$$= \ln |x + \sqrt{x^2 - a^2}| + C.$$

图 4-3-2

方法总结： 使用第二类换元积分法的目的是去根式，重点是一个"令"字. 在进行代数换元时，通过变量替换，原来的不定积分转化为关于新变量的不定积分，在求得关于新变量的不定积分后，必须回代原变量. 在进行三角换元时，可由三角函数边与角的关系，作辅助三角形，以便于回代.

▶▶▶▶ 习题 4-3 ◀◀◀◀

计算下列不定积分:

(1) $\displaystyle\int \frac{\sin\sqrt{x}}{\sqrt{x}}\mathrm{d}x$;

(2) $\displaystyle\int \frac{\sqrt{x-4}}{x}\mathrm{d}x$;

(3) $\displaystyle\int \frac{\sqrt{1-x^2}}{x^2}\mathrm{d}x$;

(4) $\displaystyle\int \frac{1}{\sqrt{(1+x^2)^3}}\mathrm{d}x$;

(5) $\displaystyle\int x\sqrt{x-3}\,\mathrm{d}x$;

(6) $\displaystyle\int \frac{\sqrt{x}}{1+x}\mathrm{d}x$;

(7) $\displaystyle\int \sqrt{1-x^2}\,\mathrm{d}x$;

(8) $\displaystyle\int \frac{1}{1+\sqrt[3]{2x+1}}\mathrm{d}x$;

(9) $\displaystyle\int \frac{\sqrt{1-x^2}}{x}\mathrm{d}x$;

(10) $\displaystyle\int \frac{1}{1+\sqrt{x-1}}\mathrm{d}x$.

§4-4　不定积分的分部积分法

学习目标

熟练掌握不定积分的分部积分法.

学习重点

不定积分的分部积分法.

学习难点

分部积分公式中 u 和 $\mathrm{d}v$ 的选择.

前面介绍了不定积分的直接积分法和换元积分法,这些积分法的应用范围虽然很广,但还是有很多类型的积分用这些方法是求不出来的. 当被积函数是两种不同类型的函数的乘积时,如 $\int x\cos x\mathrm{d}x$、$\int xe^x\mathrm{d}x$、$\int x\ln x\mathrm{d}x$ 等,利用前面学过的方法就不一定有效,因此,下面将讨论不定积分的另一种重要方法——分部积分法.

一、分部积分法

若 $u(x)$ 与 $v(x)$ 可导,不定积分 $\displaystyle\int u'(x)v(x)\mathrm{d}x$ 存在,则不定积分 $\displaystyle\int u(x)v'(x)\mathrm{d}x$ 也存

在，且 $\int u(x)v'(x)\mathrm{d}x = u(x)v(x) - \int u'(x)v(x)\mathrm{d}x$，即

$$\int u(x)\mathrm{d}v(x) = u(x)v(x) - \int v(x)\mathrm{d}u(x).$$

此式称为不定积分的分部积分公式.

问题 1：分部积分法的核心是什么？

答：其核心是将不易求出的积分 $\int u\mathrm{d}v$ 转化为较易求出的积分 $\int v\mathrm{d}u$.

问题 2：分部积分法的关键技术是什么？

答：关键是正确地选取 $u = u(x)$ 和 $v = v(x)$，把积分 $\int f(x)\mathrm{d}x$ 改写成 $\int u\mathrm{d}v$ 的形式，通过积分 $\int v\mathrm{d}u$ 的计算求出原来的积分.

问题 3：分部积分法的使用注意事项有哪些？

答：在分部积分法中，u 和 $\mathrm{d}v$ 的选择不是任意的，若选取不当，则得不出结果.

在通常情况下，按以下两个原则选择 u 和 $\mathrm{d}v$：

（1）v 要容易求，这是使用分部积分公式的前提；

（2）$\int v\mathrm{d}u$ 要比 $\int u\mathrm{d}v$ 容易求出，这是使用分部积分公式的目的.

【例 4-4-1】　求不定积分 $\int x\mathrm{e}^x\mathrm{d}x$.

解　设 $u = x,\mathrm{d}v = \mathrm{e}^x\mathrm{d}x = \mathrm{d}\mathrm{e}^x$，则

$$\int x\mathrm{e}^x\mathrm{d}x = \int x\mathrm{d}\mathrm{e}^x = x\mathrm{e}^x - \int \mathrm{e}^x\mathrm{d}x = x\mathrm{e}^x - \mathrm{e}^x + C.$$

【例 4-4-2】　求不定积分 $\int x\cos x\mathrm{d}x$.

解　令 $u = x,\mathrm{d}v = \cos x\mathrm{d}x$，则 $v = \sin x$，于是

$$\begin{aligned}
\int x\cos x\mathrm{d}x &= \int x\mathrm{d}(\sin x) = x\sin x - \int \sin x\mathrm{d}x \\
&= x\sin x - (-\cos x) + C \\
&= x\sin x + \cos x + C.
\end{aligned}$$

【例 4-4-3】　求不定积分 $\int \ln x\mathrm{d}x$.

解　$\int \ln x\mathrm{d}x = x\ln x - \int x\mathrm{d}(\ln x) = x\ln x - \int x \cdot \frac{1}{x}\mathrm{d}x = x\ln x - x + C.$

【例 4-4-4】　求不定积分 $\int \arcsin x\mathrm{d}x$.

解　设 $u = \arcsin x,\mathrm{d}v = \mathrm{d}x$，则

$$\begin{aligned}
\int \arcsin x\mathrm{d}x &= x\arcsin x - \int x\mathrm{d}(\arcsin x) \\
&= x\arcsin x - \int x \cdot \frac{1}{\sqrt{1-x^2}}\mathrm{d}x
\end{aligned}$$

$$= x\arcsin x + \frac{1}{2}\int \frac{1}{\sqrt{1-x^2}}\mathrm{d}(1-x^2)$$

$$= x\arcsin x + \sqrt{1-x^2} + C.$$

【例 4-4-5】 求不定积分$\int x\arctan x\mathrm{d}x$.

解 $\int x\arctan x\mathrm{d}x = \int \arctan x\mathrm{d}\left(\frac{1}{2}x^2\right) = \frac{1}{2}x^2\arctan x - \frac{1}{2}\int x^2\mathrm{d}(\arctan x)$

$$= \frac{1}{2}x^2\arctan x - \frac{1}{2}\int x^2 \cdot \frac{1}{1+x^2}\mathrm{d}x$$

$$= \frac{1}{2}x^2\arctan x - \frac{1}{2}\int\left(1 - \frac{1}{1+x^2}\right)\mathrm{d}x$$

$$= \frac{1}{2}x^2\arctan x - \frac{1}{2}(x - \arctan x) + C.$$

【例 4-4-6】 求不定积分$\int x^2\sin x\mathrm{d}x$.

解 $\int x^2\sin x\mathrm{d}x = -\int x^2\mathrm{d}\cos x = -x^2\cos x + \int \cos x\mathrm{d}x^2 = -x^2\cos x + 2\int x\cos x\mathrm{d}x$,

对$\int x\cos x\mathrm{d}x$ 再次使用分部积分公式,得

$$\int x\cos x\mathrm{d}x = \int x\mathrm{d}\sin x = x\sin x - \int \sin x\mathrm{d}x = x\sin x + \cos x + C_1,$$

所以 $$\int x^2\sin x\mathrm{d}x = -x^2\cos x + 2x\sin x + 2\cos x + C.$$

【例 4-4-7】 求不定积分$\int \mathrm{e}^x\sin x\mathrm{d}x$.

解 $\int \mathrm{e}^x\sin x\mathrm{d}x = \int \sin x\mathrm{d}(\mathrm{e}^x) = \mathrm{e}^x\sin x - \int \mathrm{e}^x\mathrm{d}(\sin x)$

$$= \mathrm{e}^x\sin x - \int \mathrm{e}^x\cos x\mathrm{d}x = \mathrm{e}^x\sin x - \int \cos x\mathrm{d}(\mathrm{e}^x)$$

$$= \mathrm{e}^x\sin x - \left[\mathrm{e}^x\cos x - \int \mathrm{e}^x\mathrm{d}(\cos x)\right]$$

$$= \mathrm{e}^x\sin x - \mathrm{e}^x\cos x + \int \mathrm{e}^x\mathrm{d}\cos x$$

$$= \mathrm{e}^x\sin x - \mathrm{e}^x\cos x - \int \mathrm{e}^x\sin x\mathrm{d}x.$$

移项得

$$2\int \mathrm{e}^x\sin x\mathrm{d}x = \mathrm{e}^x(\sin x - \cos x) + C_1, \quad (注:C_1 不能漏掉)$$

即 $$\int \mathrm{e}^x\sin x\mathrm{d}x = \frac{\mathrm{e}^x}{2}(\sin x - \cos x) + C.$$

方法总结:下面给出常见的几类被积函数中 u 和 $\mathrm{d}v$ 的选择:

(1) $\int x^n\mathrm{e}^{kx}\mathrm{d}x$,设 $u = x^n$,$\mathrm{d}v = \mathrm{e}^{kx}\mathrm{d}x$ $(k \neq 0)$;

(2) $\int x^n \sin(ax+b)\mathrm{d}x$，设 $u = x^n, \mathrm{d}v = \sin(ax+b)\mathrm{d}x$　$(a \neq 0)$；

(3) $\int x^n \cos(ax+b)\mathrm{d}x$，设 $u = x^n, \mathrm{d}v = \cos(ax+b)\mathrm{d}x$　$(a \neq 0)$；

(4) $\int x^n \ln x\,\mathrm{d}x$，设 $u = \ln x, \mathrm{d}v = x^n \mathrm{d}x$；

(5) $\int x^n \arcsin(ax+b)\mathrm{d}x$，设 $u = \arcsin(ax+b), \mathrm{d}v = x^n \mathrm{d}x$；

(6) $\int x^n \arctan(ax+b)\mathrm{d}x$，设 $u = \arctan(ax+b), \mathrm{d}v = x^n \mathrm{d}x$；

(7) $\int \mathrm{e}^{kx} \sin(ax+b)\mathrm{d}x$ 和 $\int \mathrm{e}^{kx} \cos(ax+b)\mathrm{d}x, u, \mathrm{d}v$ 随意选择.

▶▶▶▶ 习题 4-4 ◀◀◀◀

求下列不定积分：

(1) $\int x\sin x\,\mathrm{d}x$；

(2) $\int x\mathrm{e}^{-x}\,\mathrm{d}x$；

(3) $\int x\cos 3x\,\mathrm{d}x$；

(4) $\int x^2 \ln x\,\mathrm{d}x$；

(5) $\int x^2 \mathrm{e}^{2x}\,\mathrm{d}x$；

(6) $\int \arctan x\,\mathrm{d}x$；

(7) $\int \mathrm{e}^{\sqrt{x}}\,\mathrm{d}x$；

(8) $\int \mathrm{e}^{-x}\sin 2x\,\mathrm{d}x$.

第 4 章自测题

（总分 100 分，时间 90 分钟）

一、判断题（对的打"√"，错的打"×"，每小题 2 分，共 20 分）

1. 若 $\int f(x)\mathrm{d}x = F(x) + C$（$C$ 为任意常数），则 $F'(x) = f(x)$.　　（　　）

2. 分部积分公式为：$\int u\mathrm{d}v = uv - \int v\mathrm{d}u$.　　（　　）

3. $\int 4^x \mathrm{d}x = 4^x + C$.　　（　　）

4. $\int \cos x\,\mathrm{d}x = \sin x + C$.　　（　　）

5. 不定积分 $\int f(x)\mathrm{d}x$ 如果存在，则其结果是函数.　　（　　）

6. 任何函数都存在不定积分.　　（　　）

7. $\int \mathrm{d}x = \mathrm{d}x + C$.　　（　　）

8. $\int \dfrac{5}{x}\mathrm{d}x = 5\ln|x| + C$. ( )

9. $\int \mathrm{d}f(x) = f(x) + C$. ( )

*10. 若 $\int f(x)\mathrm{d}x = F(x) + C$,则 $\int \mathrm{e}^x f(\mathrm{e}^x)\mathrm{d}x = F(\mathrm{e}^x) + C$. ( )

二、选择题(每小题 2 分,共 10 分)

1. $\sqrt{x}$ 的其中一个原函数是 ( )

A. $\dfrac{1}{2x}$　　　　　B. $\dfrac{1}{2\sqrt{x}}$　　　　　C. $\ln x$　　　　　D. $\sqrt{x^3}$

2. 下列凑微分正确的是 ( )

A. $\ln x\mathrm{d}x = \mathrm{d}\left(\dfrac{1}{x}\right)$　　　　　　　B. $\dfrac{1}{\sqrt{1-x^2}}\mathrm{d}x = \mathrm{d}(\sin x)$

C. $\dfrac{1}{x^2}\mathrm{d}x = \mathrm{d}\left(-\dfrac{1}{x}\right)$　　　　　　D. $\dfrac{1}{\sqrt{x}}\mathrm{d}x = \mathrm{d}\sqrt{x}$

3. 若 $\int f(x)\mathrm{d}x = \mathrm{e}^{2x} + C$,则 $f(x) =$ ( )

A. e^{2x}　　　　　B. $2\mathrm{e}^x$　　　　　C. $2\mathrm{e}^{2x}$　　　　　D. $\dfrac{1}{2}\mathrm{e}^{2x}$

4. 不定积分 $\int \sin 2x\mathrm{d}x =$ ( )

A. $\cos 2x + C$　　B. $-\cos 2x + C$　　C. $\dfrac{1}{2}\cos 2x + C$　　D. $-\dfrac{1}{2}\cos 2x + C$

5. 若 $F(x)$ 是 $f(x)$ 的一个原函数,则下列成立的是 ( )

A. $\int f(x)\mathrm{d}x = F(x)$　　　　　　B. $\int F(x)\mathrm{d}x = f(x)$

C. $\int f(x)\mathrm{d}x = F(x) + C$　　　　D. $\int F(x)\mathrm{d}x = f(x) + C$

三、填空题(每小题 2 分,共 20 分)

1. 若 $\int f(x)\mathrm{d}x = x + C$,$C$ 为任意常数,则 $f(x) =$ _____.

2. _____ 的导数是 $\sin x + 3$.

3. $\int \mathrm{e}^{9x}\mathrm{d}x =$ _____.

*4. 若 $F(x)$ 是 $f(x)$ 的一个原函数,则 $\int 8x^7 f(x^8)\mathrm{d}x =$ _____.

5. 若 $\int f(x)\mathrm{d}x = x\ln x + C$,则 $f(x) =$ _____.

6. 不定积分 $\int \cos 2x\mathrm{d}x$ 的值为 _____.

7. 若 $\int f(x)\mathrm{d}x = \sin 4x + C$,$C$ 为任意常数,则 $f(x) =$ _____.

8. 若 $f'(x)(1+x^2) = 2x$，且 $f(0) = 0$，则 $f(x) =$ _____.

9. 曲线经过点 $(1,0)$，且在其上任意一点 (x,y) 处切线的斜率是 $4x^3$，则该曲线方程为 _____.

10. 若曲线在点 x 处的切线斜率为 $-x+2$，且过点 $(2,5)$，则该曲线方程为 _____.

四、计算与解答题（共 50 分）

1. 求下列不定积分（每小题 4 分，共 20 分）：

(1) $\displaystyle\int (x^3 - \sin x)\mathrm{d}x$；

(2) $\displaystyle\int \frac{2x}{x^2+1}\mathrm{d}x$；

(3) $\displaystyle\int \sin 3x\mathrm{d}x$；

(4) $\displaystyle\int x\cos x\mathrm{d}x$.

2. 求下列不定积分（每小题 5 分，共 30 分）：

(1) $\displaystyle\int \frac{2x-1}{\sqrt{1-x^2}}\mathrm{d}x$；

(2) $\displaystyle\int \frac{\mathrm{d}x}{(x+1)(x+2)}$；

(3) $\displaystyle\int \frac{7\cos x - 3\sin x}{5\cos x + 2\sin x}\mathrm{d}x$；

(4) $\displaystyle\int 2x\mathrm{e}^{x^2}\mathrm{d}x$；

*(5) $\displaystyle\int \frac{\mathrm{d}x}{x\ln x\ln\ln x}$；

*(6) $\displaystyle\int \frac{\mathrm{d}x}{x+\sqrt{1-x^2}}$.

第5章　定积分及其应用

知识概要

基本概念：积分和、定积分、变上限积分函数、曲边梯形.

基本公式：微积分基本公式(即牛顿—莱布尼茨公式).

基本方法：利用微积分基本公式计算定积分，变上限积分函数的导数，定积分换元法，定积分分部积分法，利用微元法求平面图形的面积、旋转体的体积以及平面曲线的弧长.

基本定理：定积分运算性质、积分估值性质、积分中值定理.

§5-1　定积分概念与性质

学习目标

1. 了解定积分的客观背景——解决曲边梯形面积和变力做功等问题，知道解决这些实际问题的数学思想方法；

2. 理解定积分的定义；

3. 理解定积分的几何意义；

4. 理解并掌握定积分的性质.

学习重点

1. 定积分的思想——分割、求近似、求和、取极限；

2. 定积分的几何意义；

3. 定积分的表达形式.

学习难点

1. 定积分的定义；

2. 用定义求定积分.

一、定积分的概念

定义 5-1-1　设函数 $y = f(x)$ 在闭区间 $[a,b]$ 上有界,在 $[a,b]$ 内插入 $n-1$ 个分点(见图 5-1-1)

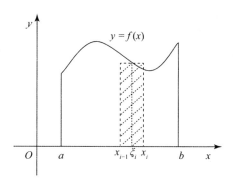

图 5-1-1

$$a = x_0 < x_1 < x_2 < \cdots < x_{n-1} < x_n = b,$$

把区间 $[a,b]$ 分成 n 个小区间

$$[x_0,x_1],[x_1,x_2],\cdots,[x_{n-1},x_n],$$

各个小区间的长度依次为

$$\Delta x_1 = x_1 - x_0,\Delta x_2 = x_2 - x_1,\cdots,\Delta x_n = x_n - x_{n-1}.$$

在每个小区间 $[x_{i-1},x_i]$ 上任取一点 $\xi_i(x_{i-1} \leqslant \xi_i \leqslant x_i)$,则函数值 $f(\xi_i)$ 与小区间长度 Δx_i 的乘积为 $f(\xi_i)\Delta x_i(i = 1,2,\cdots,n)$,并求出总和 $S = \sum_{i=1}^{n} f(\xi_i)\Delta x_i$. 记 $\lambda = \max\{\Delta x_1,\Delta x_2,\cdots,\Delta x_n\}$,若不论对 $[a,b]$ 怎样划分,也不论在小区间 $[x_{i-1},x_i]$ 上点 ξ_i 怎样取,只要当 $\lambda \to 0$ 时,S 总趋于确定的常数 I,则称函数 $f(x)$ 在 $[a,b]$ 上可积,且称这个极限 I 为函数 $f(x)$ 在区间 $[a,b]$ 上的定积分(简称积分),记作 $\int_a^b f(x)\mathrm{d}x$,即

$$\int_a^b f(x)\mathrm{d}x = I = \lim_{\lambda \to 0} \sum_{i=1}^{n} f(\xi_i)\Delta x_i.$$

其中,$f(x)$ 称为被积函数,$f(x)\mathrm{d}x$ 称为被积表达式,x 称为积分变量,a 称为积分下限,b 称为积分上限,$[a,b]$ 称为积分区间.

问题 1:根据定积分的定义,其求解过程主要由哪几个步骤构成?

答:定积分的求解过程包括四个步骤:分割、求近似、求和、取极限.

问题 2:定积分的本质是什么?

答:定积分本质是和式极限,是一个数值.

问题 3:什么样的函数会有定积分?

答:闭区间上的连续函数、单调函数、有界且只有有限个第一类间断点的函数均可积.

问题 4:定积分的结果与哪些因素有关?

答:它只与被积函数 $f(x)$ 及积分区间 $[a,b]$ 有关,而与积分变量用什么字母表示无关,即

$$\int_a^b f(x)\mathrm{d}x = \int_a^b f(t)\mathrm{d}t = \int_a^b f(u)\mathrm{d}u.$$

二、定积分的几何意义

当 $f(x) \geqslant 0$ 时,定积分 $\int_a^b f(x)\mathrm{d}x$ 表示由曲线 $y = f(x)$、x 轴及直线 $x = a$ 和 $x = b$

所围成的曲边梯形的面积(见图 5-1-2),即

$$\int_a^b f(x)\mathrm{d}x = S;$$

当 $f(x) \leqslant 0$ 时,定积分 $\int_a^b f(x)\mathrm{d}x$ 表示上述曲边梯形的面积的相反数(见图 5-1-3),即

$$\int_a^b f(x)\mathrm{d}x = -S;$$

当函数 $f(x)$ 有正有负时,定积分 $\int_a^b f(x)\mathrm{d}x$ 表示各部分面积的代数和(见图 5-1-4),即

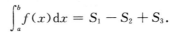

$$\int_a^b f(x)\mathrm{d}x = S_1 - S_2 + S_3.$$

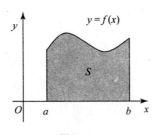

图 5-1-2

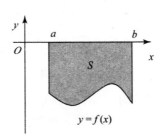

图 5-1-3

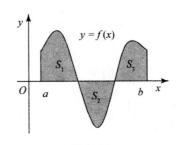

图 5-1-4

【例 5-1-1】 利用定积分的几何意义计算定积分 $\int_{-1}^1 \sqrt{1-x^2}\,\mathrm{d}x.$

解 由定积分的几何意义可知,此积分计算的是由曲线 $y = \sqrt{1-x^2}$,直线 $x=-1$、$x=1$ 和 x 轴所围成的曲边梯形在 x 轴上方图形的面积(见图 5-1-5),图形为 $x^2 + y^2 = 1$ 的上半部分。

由圆的面积公式知,

$$\int_{-1}^1 \sqrt{1-x^2}\,\mathrm{d}x = \frac{1}{2}\pi.$$

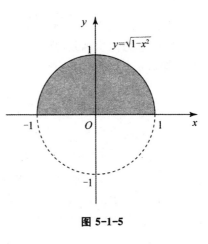

图 5-1-5

三、定积分的性质

性质 5-1-1(定积分的和差运算性质)

$$\int_a^b \big[f(x) \pm g(x)\big]\mathrm{d}x = \int_a^b f(x)\mathrm{d}x \pm \int_a^b g(x)\mathrm{d}x.$$

性质 5-1-2(定积分的数乘运算性质)

$$\int_a^b kf(x)\mathrm{d}x = k\int_a^b f(x)\mathrm{d}x \quad (k \text{ 为常数}).$$

性质 5-1-3(定积分对区间的可加性)

$$\int_a^b f(x)\mathrm{d}x = \int_a^c f(x)\mathrm{d}x + \int_c^b f(x)\mathrm{d}x.$$

性质 5-1-4(定积分变化上下限的关系)

$$\int_a^b f(x)\mathrm{d}x = -\int_b^a f(x)\mathrm{d}x.$$

性质 5-1-5(特殊积分公式)

$$\int_a^b 1\mathrm{d}x = b - a; \quad \left(\int_a^b 1\mathrm{d}x \text{ 简记为} \int_a^b \mathrm{d}x\right)$$

$$\int_a^a f(x)\mathrm{d}x = 0.$$

性质 5-1-6(定积分大小关系的比较)

(1) 若 $f(x)$ 在区间 $[a,b]$ 上恒有 $f(x) \geqslant 0$,则

$$\int_a^b f(x)\mathrm{d}x \geqslant 0 \quad (a < b);$$

(2) 若当 $x \in [a,b]$ 时,$f(x) \leqslant g(x)$,则

$$\int_a^b f(x)\mathrm{d}x \leqslant \int_a^b g(x)\mathrm{d}x;$$

(3) $\left|\int_a^b f(x)\mathrm{d}x\right| \leqslant \int_a^b |f(x)|\,\mathrm{d}x \quad (a < b).$

性质 5-1-7(有界函数的定积分估值)

设 M 与 m 分别是连续函数 $f(x)$ 在区间 $[a,b]$ 上的最大值和最小值(见图 5-1-6),则

$$m(b-a) \leqslant \int_a^b f(x)\mathrm{d}x \leqslant M(b-a) \quad (a < b).$$

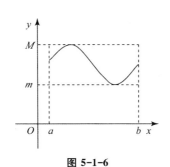

图 5-1-6

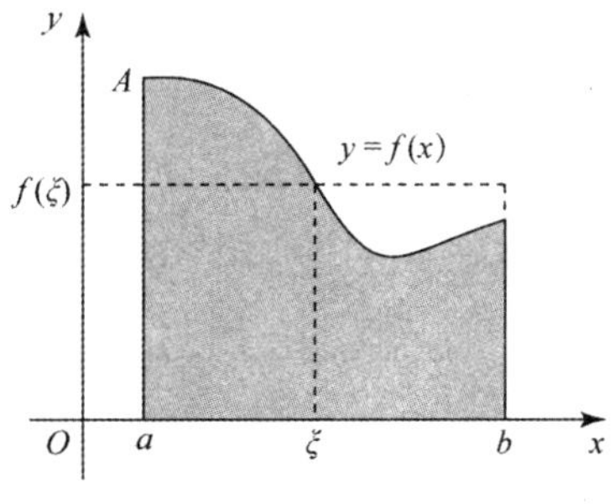

图 5-1-7

性质 5-1-8(积分中值定理)

如果函数 $f(x)$ 在 $[a,b]$ 上连续,那么在 $[a,b]$ 上至少存在一点 ξ,使得

$$\int_a^b f(x)\mathrm{d}x = f(\xi)(b-a),$$

称函数值 $f(\xi)$ 为函数 $f(x)$ 在区间 $[a,b]$ 上的平均值,即

$$f(\xi) = \frac{1}{b-a}\int_a^b f(x)\mathrm{d}x.$$

积分中值定理的几何意义如图 5-1-7 所示.一条连续曲线 $y = f(x)$,且 $f(x) \geqslant 0$ 在

$[a,b]$ 上的曲边梯形面积等于以区间 $[a,b]$ 长度为底，$[a,b]$ 中一点 ξ 的函数值为高的矩形面积.

【例 5-1-2】 比较下列两个定积分的大小：

$$I_1 = \int_0^1 x^2\,\mathrm{d}x, \quad I_2 = \int_0^1 x^3\,\mathrm{d}x.$$

解 因为当 $0 \leqslant x \leqslant 1$ 时，有 $x^2 \geqslant x^3$，所以根据性质 5-1-6 得

$$\int_0^1 x^2\,\mathrm{d}x \geqslant \int_0^1 x^3\,\mathrm{d}x.$$

【例 5-1-3】 估计定积分 $\int_{\frac{\pi}{4}}^{\frac{3\pi}{4}}(1+\sin^2 x)\,\mathrm{d}x$ 的值.

解 因在区间 $\left[\dfrac{\pi}{4},\dfrac{3\pi}{4}\right]$ 上，$\dfrac{1}{2} \leqslant \sin^2 x \leqslant 1$，故

$$\frac{3}{2} \leqslant 1+\sin^2 x \leqslant 2.$$

从而有

$$\left(\frac{3\pi}{4}-\frac{\pi}{4}\right)\times\frac{3}{2} \leqslant \int_{\frac{\pi}{4}}^{\frac{3\pi}{4}}(1+\sin^2 x)\,\mathrm{d}x \leqslant \left(\frac{3\pi}{4}-\frac{\pi}{4}\right)\times 2,$$

即

$$\frac{3\pi}{4} \leqslant \int_{\frac{\pi}{4}}^{\frac{3\pi}{4}}(1+\sin^2 x)\,\mathrm{d}x \leqslant \pi.$$

【例 5-1-4】 估计定积分 $\int_0^3(2x^2+4)\,\mathrm{d}x$ 的值.

解 因 $f(x)=2x^2+4$ 在区间 $[0,3]$ 上单调递增，故 $\max f(x)=22,\min f(x)=4$，则

$$(3-0)\times 4 \leqslant \int_0^3(2x^2+4)\,\mathrm{d}x \leqslant (3-0)\times 22,$$

即

$$12 \leqslant \int_0^3(2x^2+4)\,\mathrm{d}x \leqslant 66.$$

方法总结：定积分实质上为我们提供了一种解决问题的思想方法.人们通过分割、近似替代、求和与取极限四个步骤，用动态的思想去分析静态的事物，用静态的方法去解决动态的问题，以直代曲，以简单求复杂，最后解决诸如曲边梯形面积和变力做功等问题，从而引出定积分的理论.

▶▶▶▶ 习题 5-1 ◀◀◀◀

1. 利用定积分的几何意义计算定积分 $\int_{-1}^1 \sqrt{1-x^2}\,\mathrm{d}x$.

2. 估计定积分 $\int_{\frac{\pi}{4}}^{\frac{3\pi}{4}}(1+\cos^2 x)\,\mathrm{d}x$ 的值.

3. 估计定积分 $\int_1^4 (x^2 + 2)\mathrm{d}x$ 的值.

4. 利用定积分的估值定理证明：$\dfrac{1}{2} \leqslant \int_1^4 \dfrac{1}{2+x}\mathrm{d}x \leqslant 1$.

5. 用定积分的几何意义说明下列等式成立($b > a$)：

(1) $\int_a^b k\,\mathrm{d}x = k(b-a)$　（k 为常数）；

(2) $\int_a^b x\,\mathrm{d}x = \dfrac{b^2 - a^2}{2}$.

§5-2　微积分基本公式

学习目标

1. 理解变上限积分函数的定义；
2. 掌握变上限积分函数的可导性并能求导；
3. 掌握不定积分与定积分的关系；
4. 熟练掌握牛顿—莱布尼茨公式.

学习重点

1. 变上限积分函数的导数；
2. 牛顿—莱布尼茨公式.

学习难点

1. 变上限积分函数构成的复合函数的求导；
2. 牛顿—莱布尼茨公式的运用.

*一、变上限的定积分

定义 5-2-1　设 $f(x)$ 在区间 $[a,b]$ 上连续，又设 x 为区间 $[a,b]$ 上的任意一点，则 $f(x)$ 在部分区间 $[a,x]$ 上的定积分 $\int_a^x f(x)\mathrm{d}x$ 称为变上限的定积分，或称为变上限积分函数（见图 5-2-1），记作 $\Phi(x)$，即

图 5-2-1

$$\Phi(x) = \int_a^x f(x)\mathrm{d}x \quad (a \leqslant x \leqslant b).$$

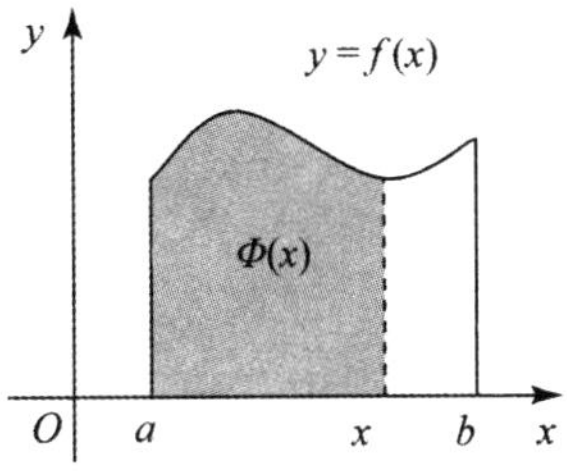

因为定积分的值与积分变量无关，为了区分积分上限和积分变量，上式又可写为

$$\Phi(x) = \int_a^x f(t)\mathrm{d}t \quad (a \leqslant x \leqslant b).$$

问题 1：变上限积分函数 $\Phi(x)$ 的自变量是哪个？定义域是什么？

答：$\Phi(x)$ 的自变量在上限，其定义域为 $[a,b]$，变量 t 只是积分变量，t 介于 a 与 x 之间.

问题 2：变上限积分函数 $\Phi(x)$ 是否可导？

答：$\Phi(x)$ 在区间 $[a,b]$ 上具有导数.

*二、变上限积分函数的导数

设 $f(x)$ 在区间 $[a,b]$ 上连续，则变上限积分函数

$$\Phi(x) = \int_a^x f(t)\mathrm{d}t$$

在区间 $[a,b]$ 上具有导数，且

$$\Phi'(x) = \frac{\mathrm{d}}{\mathrm{d}x}\int_a^x f(t)\mathrm{d}t = f(x) \quad (a \leqslant x \leqslant b).$$

一般地，设 $f(x)$ 在区间 $[a,b]$ 上连续，$a \leqslant \varphi(x) \leqslant b$ 且 $\varphi(x)$ 在区间 (a,b) 内可导，则运用复合函数的求导公式可得

$$\frac{\mathrm{d}}{\mathrm{d}x}\int_a^{\varphi(x)} f(t)\mathrm{d}t = f[\varphi(x)] \cdot \varphi'(x).$$

【例 5-2-1】 设 $F(x) = \int_2^x (3t^2 - t + 1)\mathrm{d}t$，求 $F'(x)$.

解 运用变上限定积分的结果得

$$F'(x) = (3t^2 - t + 1)\big|_{t=x} = 3x^2 - x + 1.$$

【例 5-2-2】 设 $G(x) = \int_3^{2x} \cos t\,\mathrm{d}t$，求 $G'(x)$.

解 $G'(x) = \cos 2x \cdot (2x)' = 2\cos 2x.$

【例 5-2-3】 计算极限 $\lim\limits_{x \to 0} \dfrac{\int_0^x t^2 \mathrm{d}t}{x^3}$.

解 这是一个 $\dfrac{0}{0}$ 型的未定式，我们用洛必达法则来求极限.

$$\lim_{x \to 0} \frac{\int_0^x t^2 \mathrm{d}t}{x^3} = \lim_{x \to 0} \frac{(\int_0^x t^2 \mathrm{d}t)'}{(x^3)'} = \lim_{x \to 0} \frac{x^2}{3x^2} = \frac{1}{3}.$$

定理 5-2-1（原函数存在定理）

若 $f(x)$ 在区间 $[a,b]$ 上连续，则

$$\Phi(x) = \int_a^x f(t)\mathrm{d}t \quad (a \leqslant x \leqslant b)$$

为 $f(x)$ 在区间 $[a,b]$ 上的原函数.

这个定理肯定了连续函数一定存在原函数，而且初步揭示了定积分与原函数之间的联系，使得通过原函数来计算定积分有了可能.

三、牛顿—莱布尼茨公式

定理 5-2-2(牛顿—莱布尼茨公式)　设函数 $F(x)$ 是 $f(x)$ 在区间 $[a,b]$ 上的原函数，则

$$\int_a^b f(x)\mathrm{d}x = F(x)\Big|_a^b = F(b) - F(a).$$

此公式,也称为微积分基本公式.

【例 5-2-4】　计算下列定积分:

(1) $\displaystyle\int_0^1 x\mathrm{d}x$;　　　　　　　　　　(2) $\displaystyle\int_0^1 x^2\mathrm{d}x$;

(3) $\displaystyle\int_{\frac{\pi}{3}}^{\frac{\pi}{2}} \cos x\mathrm{d}x$.

解　(1) $\displaystyle\int_0^1 x\mathrm{d}x = \frac{1}{2}x^2\Big|_0^1 = \frac{1}{2} - 0 = \frac{1}{2}$;

(2) $\displaystyle\int_0^1 x^2\mathrm{d}x = \frac{x^3}{3}\Big|_0^1 = \frac{1^3}{3} - \frac{0^3}{3} = \frac{1}{3}$;

(3) $\displaystyle\int_{\frac{\pi}{3}}^{\frac{\pi}{2}} \cos x\mathrm{d}x = \sin x\Big|_{\frac{\pi}{3}}^{\frac{\pi}{2}} = 1 - \frac{\sqrt{3}}{2}$.

【例 5-2-5】　求定积分 $\displaystyle\int_0^1 x(1+x)\mathrm{d}x$.

解　$\displaystyle\int_0^1 x(1+x)\mathrm{d}x = \int_0^1 (x+x^2)\mathrm{d}x = \left(\frac{1}{2}x^2 + \frac{1}{3}x^3\right)\Big|_0^1 = \frac{5}{6}$.

【例 5-2-6】　设 $f(x) = \begin{cases} x+1, & x \leqslant 1 \\ x^2, & x > 1 \end{cases}$,求 $\displaystyle\int_0^2 f(x)\mathrm{d}x$.

解　$\displaystyle\int_0^2 f(x)\mathrm{d}x = \int_0^1 f(x)\mathrm{d}x + \int_1^2 f(x)\mathrm{d}x = \int_0^1 (x+1)\mathrm{d}x + \int_1^2 x^2\mathrm{d}x$

$$= \left(\frac{x^2}{2} + x\right)\Big|_0^1 + \frac{x^3}{3}\Big|_1^2 = \frac{23}{6}.$$

【例 5-2-7】　计算曲线 $y = \sin x$ 在区间 $[0,\pi]$ 上与 x 轴所围成平面图形的面积(见图 5-2-2).

解　由定积分的几何意义知,面积

$$A = \int_0^\pi \sin x\mathrm{d}x = (-\cos x)\Big|_0^\pi = 2.$$

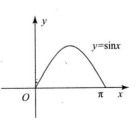

图 5-2-2

方法总结:牛顿—莱布尼茨公式是微积分学中最重要的公式之一,它把计算定积分的问题转化为求被积函数原函数的问题,揭示了定积分与不定积分之间的内在联系.

▶▶▶▶ 习题 5-2 ◀◀◀◀

1. 设 $F(x) = \int_2^x (t^3 - 4t + 2)\mathrm{d}t$，求 $F'(x)$.

2. 设 $G(x) = \int_3^{x^2} \cos t \mathrm{d}t$，求 $G'(x)$.

3. 计算极限 $\lim\limits_{x \to 0} \dfrac{\int_0^x \sin t \mathrm{d}t}{x^2}$.

4. 计算下列定积分：

（1）$\int_2^3 2x\mathrm{d}x$；

（2）$\int_0^2 x^3 \mathrm{d}x$；

（3）$\int_0^1 \mathrm{e}^x \mathrm{d}x$.

5. 求定积分 $\int_1^2 (x^2 - 3x + 1)\mathrm{d}x$.

6. 求定积分 $\int_0^2 |x-1| \mathrm{d}x$.

§5-3　定积分的换元积分法与分部积分法

学习目标

1. 熟练掌握定积分的换元积分法；
2. 熟练掌握定积分的分部积分法.

学习重点

1. 定积分的换元积分法；
2. 定积分的分部积分法.

学习难点

1. 选择适当的函数换元；
2. 选择适当的函数，运用微分公式进行分部积分.

一、定积分的换元积分法

设函数 $f(x)$ 在区间 $[a,b]$ 上连续，函数 $x = \varphi(t)$ 满足：

(1) $\varphi(\alpha) = a, \varphi(\beta) = b$，即 $x: a \to b$ 时，对应的 $t: \alpha \to \beta$；

(2) 在区间 $[\alpha, \beta]$（或 $[\beta, \alpha]$）上，$\varphi(t)$ 单调且具有连续导数，

则

$$\int_a^b f(x)\mathrm{d}x = \int_\alpha^\beta f[\varphi(t)]\varphi'(t)\mathrm{d}t,$$

即

$$\int_a^b f(x)\mathrm{d}x \xrightarrow{\text{令 } x = \varphi(t)} \int_{\varphi^{-1}(a)}^{\varphi^{-1}(b)} f[\varphi(t)]\varphi'(t)\mathrm{d}t.$$

问题 1：定积分的换元积分法的目的是什么？

答：通过换元，使新的积分计算比原来的积分简单.

问题 2：定积分的换元积分法的关键是什么？

答：换元的同时要换限.

问题 3：不定积分的换元积分法与定积分的换元积分法的主要区别是什么？

答：不定积分的换元积分法需要回代，而定积分不需要回代.

【例 5-3-1】　求定积分 $\int_0^4 \dfrac{1}{1+\sqrt{x}}\mathrm{d}x$.

解　令 $\sqrt{x} = t (t > 0)$，则 $x = t^2$，$\mathrm{d}x = 2t\mathrm{d}t$，相应地变换定积分的上、下限：
当 $x = 0$ 时，$t = 0$；当 $x = 4$ 时，$t = 2$.
于是

$$\int_0^4 \frac{1}{1+\sqrt{x}}\mathrm{d}x = \int_0^2 \frac{2t}{1+t}\mathrm{d}t = 2\int_0^2 \left(1 - \frac{1}{1+t}\right)\mathrm{d}t$$

$$= 2[t - \ln(1+t)]\Big|_0^2 = 4 - 2\ln 3.$$

【例 5-3-2】　求定积分 $\int_1^4 \dfrac{1}{x+\sqrt{x}}\mathrm{d}x$.

解　令 $\sqrt{x} = t (t > 0)$，则 $x = t^2$，$\mathrm{d}x = 2t\mathrm{d}t$，相应地变换定积分的上、下限：
当 $x = 1$ 时，$t = 1$；当 $x = 4$ 时，$t = 2$.
于是

$$\int_1^4 \frac{1}{x+\sqrt{x}}\mathrm{d}x = \int_1^2 \frac{2t}{t^2+t}\mathrm{d}t = 2\int_1^2 \frac{1}{t+1}\mathrm{d}t$$

$$= 2\ln(t+1)\Big|_1^2 = 2(\ln 3 - \ln 2).$$

【例 5-3-3】　求定积分 $\int_0^4 \dfrac{3x+6}{\sqrt{2x+1}}\mathrm{d}x$.

解　令 $\sqrt{2x+1} = t$，则 $x = \dfrac{t^2-1}{2}$，$\mathrm{d}x = t\mathrm{d}t$，且当 $x = 0$ 时，$t = 1$；当 $x = 4$ 时，$t = 3$.
于是

$$\int_0^4 \frac{3x+6}{\sqrt{2x+1}}\mathrm{d}x = \frac{3}{2}\int_1^3 (t^2+3)\mathrm{d}t = 22.$$

【例 5-3-4】 求定积分 $\displaystyle\int_0^2 \sqrt{4-x^2}\,\mathrm{d}x$.

解 令 $x=2\sin t$，则 $\mathrm{d}x=2\cos t\,\mathrm{d}t$，且当 $x=0$ 时，$t=0$；当 $x=2$ 时，$t=\dfrac{\pi}{2}$.

于是

$$\int_0^2 \sqrt{4-x^2}\,\mathrm{d}x = 4\int_0^{\frac{\pi}{2}} \cos^2 t\,\mathrm{d}t = 2\int_0^{\frac{\pi}{2}}(1+\cos 2t)\,\mathrm{d}t$$

$$= 2\left(t+\frac{1}{2}\sin 2t\right)\Big|_0^{\frac{\pi}{2}} = \frac{\pi a^2}{4}.$$

二、对称区间上奇偶函数的积分性质

性质 5-3-1(对称区间上奇函数的积分性质) 若 $f(x)$ 在区间 $[-a,a]$ 上连续且为奇函数(见图 5-3-1)，则

$$\int_{-a}^a f(x)\,\mathrm{d}x = 0.$$

性质 5-3-2(对称区间上偶函数的积分性质) 若 $f(x)$ 在区间 $[-a,a]$ 上连续且为偶函数(见图 5-3-2)，则

$$\int_{-a}^a f(x)\,\mathrm{d}x = 2\int_0^a f(x)\,\mathrm{d}x.$$

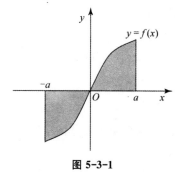

图 5-3-1

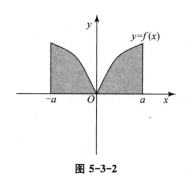

图 5-3-2

【例 5-3-5】 求定积分 $\displaystyle\int_{-2}^2 \frac{x^4\sin x}{5x^4+2x^2+3}\,\mathrm{d}x$.

解 $\displaystyle\int_{-2}^2 \frac{x^4\sin x}{5x^4+2x^2+3}\,\mathrm{d}x = 0.$

三、定积分的分部积分法

设 $u(x)$ 和 $v(x)$ 在区间 $[a,b]$ 上都具有连续导数，则有

$$\int_a^b u\,\mathrm{d}v = uv\Big|_a^b - \int_a^b v\,\mathrm{d}u.$$

这就是定积分的分部积分公式. 其中 $u,\mathrm{d}v$ 的选择规律与不定积分分部积分法相同.

【例 5-3-6】 求定积分 $\int_1^2 x\mathrm{e}^x\mathrm{d}x$.

解 $\int_1^2 x\mathrm{e}^x\mathrm{d}x = \int_1^2 x\mathrm{d}\mathrm{e}^x = x\mathrm{e}^x\Big|_1^2 - \int_1^2 \mathrm{e}^x\mathrm{d}x = 2\mathrm{e}^2 - \mathrm{e} - \mathrm{e}^x\Big|_1^2 = \mathrm{e}^2$.

方法总结: 换元积分法和分部积分法是解决积分计算问题的很重要的方法.

▶▶▶▶ 习题 5-3 ◀◀◀◀

1. 用换元积分法求定积分 $\int_4^9 \dfrac{1}{x+\sqrt{x}}\mathrm{d}x$.

2. 用换元积分法求定积分 $\int_0^4 \dfrac{x+1}{\sqrt{2x+1}}\mathrm{d}x$.

3. 计算定积分 $\int_0^3 \sqrt{9-x^2}\,\mathrm{d}x$.

4. 计算定积分 $\int_{-1}^1 \dfrac{x^2\sin x}{\cos x + x^2 + 4}\mathrm{d}x$.

5. 用分部积分法求定积分 $\int_0^1 x\mathrm{e}^{-x}\mathrm{d}x$.

6. 用分部积分法求定积分 $\int_0^1 x\cos x\mathrm{d}x$.

*§5-4 定积分的微元法及其运用

学习要求

1. 理解微元法的思想和方法;
2. 会求平面图形的面积;
3. 会求绕坐标轴旋转一周而成的旋转体的体积;
4. 会求平面曲线的弧长.

学习重点

1. 微元法的思想和方法;
2. 平面图形的面积公式;
3. 绕坐标轴旋转一周而成的旋转体的体积公式;
4. 平面曲线的弧长计算公式.

学习难点

1. 将实际问题用微元法建立定积分数学模型;
2. 正确判别不同类型的问题.

一、定积分的微元法

1. 条件

一般地，如果在实际问题中所求量 U 满足以下条件可归结为定积分求解：

（1）所求量 U 与变量 x 的变化区间 $[a,b]$ 有关；

（2）所求量 U 对于区间 $[a,b]$ 具有可加性，即把区间 $[a,b]$ 分成许多小区间，整体量等于各部分量之和，即

$$U = \sum_i \Delta U_i;$$

（3）所求量 U 的部分量 ΔU_i 可近似地表示成 $f(\xi_i) \cdot \Delta x_i$，即

$$\Delta U_i \approx f(\xi_i) \cdot \Delta x_i.$$

2. 步骤

用定积分来求变量 U 的步骤为：

（1）根据问题，选取一个变量 x 为积分变量，并确定它的变化区间 $[a,b]$；

（2）设想将区间 $[a,b]$ 分成若干小区间，取其中的任一小区间 $[x,x+\mathrm{d}x]$，求出它所对应的部分量 ΔU 的近似值

$$\Delta U \approx f(x)\mathrm{d}x \quad (f(x) \text{ 为区间 } [a,b] \text{ 上一连续函数}),$$

则称 $f(x)\mathrm{d}x$ 为变量 U 的微元，且记作

$$\mathrm{d}U = f(x)\mathrm{d}x;$$

（3）以 U 的微元 $\mathrm{d}U$ 作为被积表达式，以 $[a,b]$ 为积分区间，得

$$U = \int_a^b f(x)\mathrm{d}x.$$

这个方法称为微元法，其实质是找出 U 的微元 $\mathrm{d}U$ 的微分表达式

$$\mathrm{d}U = f(x)\mathrm{d}x \quad (a \leqslant x \leqslant b).$$

二、微元法的应用

1. 曲边梯形面积的计算

$f(x)$ 在区间 $[a,b]$ 上连续，且 $f(x) \geqslant 0$，以曲线 $f(x)$ 为曲边，以区间 $[a,b]$ 为底边，构成曲边梯形. 其面积微元 $\mathrm{d}A = f(x)\mathrm{d}x$（见图 5-4-1），再把区间 $[a,b]$ 上的所有面积微元累积起来，就是整个曲边梯形的面积，即

$$A = \int_a^b f(x)\mathrm{d}x.$$

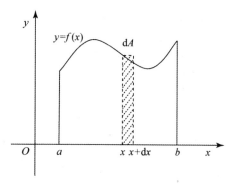

图 5-4-1

2. 平面图形的面积计算

（1）上下结构型平面图形的面积计算

由直线 $x=a$、$x=b$ 及曲线 $y=f(x)$、$y=g(x)(f(x) \geqslant g(x))$ 所围成的平面图形称为上下结构型平面图形（见图 5-4-2），面积微元 $\mathrm{d}A = [f(x)-g(x)]\mathrm{d}x$，根据微元法可得其面积为

$$A = \int_a^b [f(x)-g(x)]\mathrm{d}x.$$

（2）左右结构型平面图形的面积公式

由直线 $y=c$、$y=d$ 及曲线 $x=f(y)$、$x=g(y)(f(y) \geqslant g(y))$ 所围成的平面图形称为左右结构型平面图形（见图 5-4-3），面积微元 $\mathrm{d}A = [f(y)-g(y)]\mathrm{d}y$，则其面积公式为

$$A = \int_c^d [f(y)-g(y)]\mathrm{d}y.$$

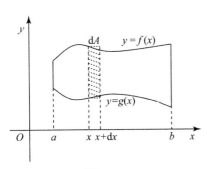

图 5-4-2

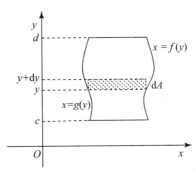

图 5-4-3

【例 5-4-1】 求由曲线 $y=2-x^2$ 与直线 $x+y=0$ 所围成的平面图形的面积.

解 先画草图（见图 5-4-4），显然其为上下结构型面积图形.

由 $\begin{cases} y=2-x^2 \\ y=-x \end{cases}$ 得交点的横坐标 $x_1=-1$，$x_2=2$，所以

$$\begin{aligned} A &= \int_{-1}^2 [(2-x^2)-(-x)]\mathrm{d}x \\ &= \left(2x+\frac{1}{2}x^2-\frac{1}{3}x^3\right)\Big|_{-1}^2 \\ &= \frac{9}{2}. \end{aligned}$$

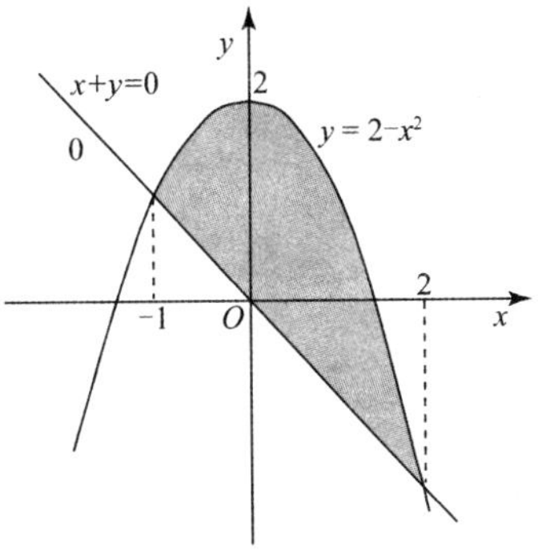

图 5-4-4

【例 5-4-2】 求由曲线 $y=x^2$、$y=2x-1$ 和 x 轴所围成的平面图形的面积.

解 $\begin{aligned} A &= \int_0^1 \left[\frac{1}{2}(y+1)-\sqrt{y}\right]\mathrm{d}y \\ &= \left(\frac{1}{4}y^2+\frac{1}{2}y-\frac{2}{3}y^{\frac{3}{2}}\right)\Big|_0^1 \\ &= \frac{1}{12}. \end{aligned}$

【例 5-4-3】 求由两条曲线 $y = x^2$ 和 $y = \sqrt{x}$ 所围成的平面图形的面积.

解 先画草图（见图 5-4-5），显然其为上下结构型面积图形.

由 $\begin{cases} y = x^2 \\ y = \sqrt{x} \end{cases}$ 得交点的横坐标 $x_1 = 0, x_2 = 1$，所以

$$A = \int_0^1 (\sqrt{x} - x^2)\,\mathrm{d}x = \frac{1}{3}.$$

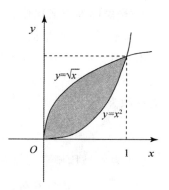

图 5-4-5

【例 5-4-4】 计算由抛物线 $y^2 = 2x$ 与直线 $y = x - 4$ 所围成的平面图形的面积.

解 **方法一** 画草图（见图 5-4-6），可以知道图形是左右结构型.

由 $y^2 = 2x$ 得反函数 $x = \frac{1}{2}y^2$，由 $x - y = 4$ 得反函数 $x = y + 4$，由 $\begin{cases} y^2 = 2x \\ x - y = 4 \end{cases}$ 得到两条曲线的交点 $(2, -2)$ 和 $(8, 4)$，则所求面积为

$$A = \int_{-2}^4 \left(y + 4 - \frac{1}{2}y^2 \right)\mathrm{d}y = \left(\frac{y^2}{2} + 4y - \frac{y^3}{6} \right)\Big|_{-2}^4 = 18.$$

方法二 画草图（见图 5-4-7），用直线 $x = 2$ 将图形分成两部分，把图形看成是上下结构型，则左侧图形的面积为

$$A_1 = \int_0^2 \left[\sqrt{2x} - (-\sqrt{2x}) \right]\mathrm{d}x = 2\sqrt{2}\left(\frac{2}{3}x^{\frac{3}{2}} \right)\Big|_0^2 = \frac{16}{3},$$

右侧图形的面积为

$$A_2 = \int_2^8 \left[\sqrt{2x} - (x - 4) \right]\mathrm{d}x = \left(\frac{2\sqrt{2}}{3}x^{\frac{3}{2}} - \frac{1}{2}x^2 + 4x \right)\Big|_2^8 = \frac{38}{3}.$$

即所求图形的面积为

$$A = A_1 + A_2 = \frac{16}{3} + \frac{38}{3} = 18.$$

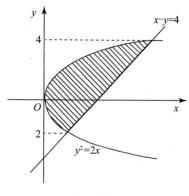

图 5-4-6

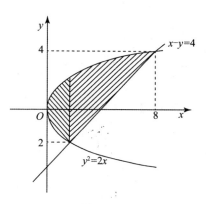

图 5-4-7

3. 旋转体的体积计算

（1）上下结构型平面图形绕 x 轴旋转而成的旋转体的体积计算

由直线 $x = a$、$x = b$ 及曲线 $y = f(x)$ 所围成的上下结构型平面图形绕 x 轴旋转一周而成的封闭旋转体如图 5-4-8 所示，体积微元 $\mathrm{d}V_x = \pi f^2(x)\mathrm{d}x$，根据微元法得其体积公式：

$$V_x = \pi \int_a^b f^2(x)\mathrm{d}x.$$

（2）左右结构型平面图形绕 y 轴旋转而成的旋转体的体积计算

由直线 $y = c$、$y = d$ 及曲线 $x = g(y)$ 所围成的平面图形绕 y 轴旋转而成的封闭旋转体如图 5-4-9 所示，体积微元 $\mathrm{d}V_y = \pi g^2(y)\mathrm{d}y$，其体积公式为：

$$V_y = \pi \int_c^d g^2(y)\mathrm{d}y.$$

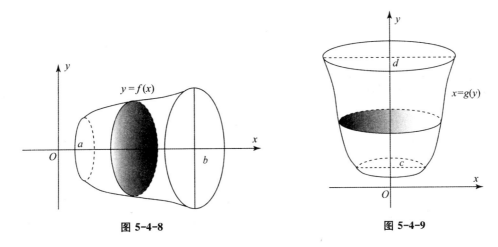

图 5-4-8　　　　　　　　　　图 5-4-9

【**例 5-4-5**】　求由曲线 $y = x^2\,(0 \leqslant x \leqslant 3)$、$x = 3$ 和 $y = 0$ 所围成的平面图形绕 x 轴旋转一周所得的旋转体的体积 V_x.

解　画草图（见图 5-4-10），可以知道图形是上下结构，则

$$V_x = \pi \int_0^3 \left[f(x)\right]^2 \mathrm{d}x = \pi \int_0^3 x^4 \mathrm{d}x = \frac{243}{5}\pi.$$

【**例 5-4-6**】　求由曲线 $y = \sqrt{1 - x^2}$ 和 $y = 0$ 所围成的平面图形绕 x 轴旋转一周所得的旋转体的体积 V_x.

解　画草图（见图 5-4-11），可以知道图形是上下结构型，则

$$V_x = \pi \int_{-1}^1 \left[f(x)\right]^2 \mathrm{d}x = 2\pi \int_0^1 (1 - x^2)\mathrm{d}x = \frac{4}{3}\pi.$$

【**例 5-4-7**】　求椭圆 $\dfrac{x^2}{a^2} + \dfrac{y^2}{b^2} = 1$ 绕 x 轴旋转而成的旋转体的体积.

解　由 $\dfrac{x^2}{a^2} + \dfrac{y^2}{b^2} = 1$ 绕 x 轴旋转而成的椭球体如图 5-4-12 所示，可看成由上半个椭圆

$y = \frac{b}{a}\sqrt{a^2 - x^2}$（上下结构型平面图形）绕 x 轴旋转而成，于是由公式得

$$V_x = \pi \int_{-a}^{a} \frac{b^2}{a^2}(a^2 - x^2)\mathrm{d}x = \frac{4}{3}ab^2\pi.$$

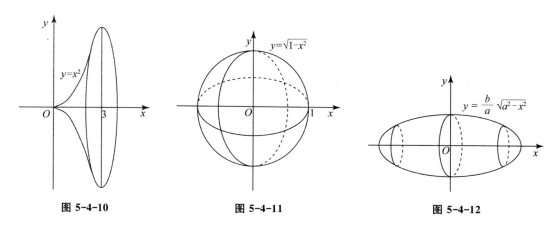

图 5-4-10   图 5-4-11   图 5-4-12

4. 平面曲线的弧长计算

设函数 $f(x)$ 在区间 $[a,b]$ 上具有一阶连续的导数，取 x 为积分变量，且 $x \in [a,b]$，在区间 $[a,b]$ 上任取一小区间 $[x, x+\mathrm{d}x]$，则这一小区间所对应的曲线弧段 $\overset{\frown}{MN}$ 的长度 Δs，可以用其切线对应的三角形的斜边 MQ 来近似替代（见图 5-4-13）. 又因为 $|MP| = \mathrm{d}x$，$|QP| = \mathrm{d}y$，于是由勾股定理得弧长微元为

$$\mathrm{d}s = \sqrt{(\mathrm{d}x)^2 + (\mathrm{d}y)^2} = \sqrt{1 + [f'(x)]^2}\,\mathrm{d}x,$$

即曲线 $f(x)$ 在区间 $[a,b]$ 上的总弧长为

$$s = \int_a^b \sqrt{1 + [f'(x)]^2}\,\mathrm{d}x.$$

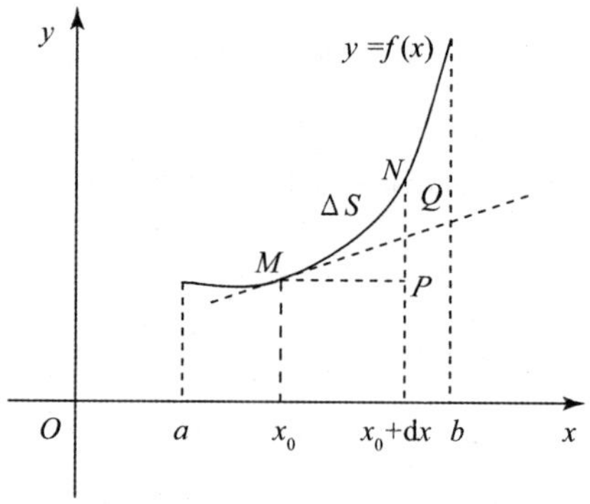

图 5-4-13

【例 5-4-8】 计算曲线 $y = \frac{2}{3}x^{\frac{3}{2}}(a \leqslant x \leqslant b)$ 的弧长.

解   由 $\mathrm{d}y = \left(\frac{2}{3}x^{\frac{3}{2}}\right)'\mathrm{d}x = \sqrt{x}\,\mathrm{d}x$，得

$$\mathrm{d}s = \sqrt{(\mathrm{d}x)^2 + (\mathrm{d}y)^2} = \sqrt{1 + (\sqrt{x})^2}\,\mathrm{d}x = \sqrt{1+x}\,\mathrm{d}x,$$

所以

$$s = \int_a^b \sqrt{1+x}\,\mathrm{d}x = \frac{2}{3}(1+x)^{\frac{3}{2}}\Big|_a^b = \frac{2}{3}\big[(1+b)^{\frac{3}{2}} - (1+a)^{\frac{3}{2}}\big].$$

方法总结：通过微元法能够把平面图形面积、旋转体体积、平面曲线弧长的计算问题,转化成数学中的定积分问题.计算定积分的关键是正确地画出草图,然后利用相应计算公式进行定积分的计算.

▶▶▶▶ 习题 5-4 ◀◀◀◀

1. 求由曲线 $x = y^2$ 与直线 $y = x$ 所围成的平面图形的面积.

2. 求由直线 $y = x$、$y = 2x$ 以及 $x = 2$ 所围成的平面图形的面积.

3. 求由抛物线 $y = 1 - x^2$ 和 x 轴所围成的平面图形的面积,以及由该平面图形绕 x 轴旋转所得旋转体的体积.

4. 求由曲线 $y^2 = 4x$ 及 $x = 2$ 所围成的图形绕 x 轴旋转的体积.

5. 求由曲线 $y = \mathrm{e}^x$ 及 $x = 1$、x 轴、y 轴所围成的图形绕 x 轴旋转的体积.

第 5 章自测题

（总分 100 分,时间 90 分钟）

一、判断题（对的打"√",错的打"×",每小题 2 分,共 20 分）

*1. 若 $f(x)$ 在区间 $[a,b]$ 上连续,则 $\left[\int_a^x f(t)\mathrm{d}t\right]' = f(x) - f(a)$. （　　）

2. $\int_a^b f(x)\mathrm{d}x = F(b) + F(a)$,其中 $F'(x) = f(x)$. （　　）

3. $\int_{-1}^1 \sqrt{1-x^2}\,\mathrm{d}x = \pi$. （　　）

4. $\left[\int_a^b f(x)\mathrm{d}x\right]' = 0$. （　　）

5. 若在 $[a,b]$ 上 $f(x)$、$g(x)$ 均连续,且 $f(x) \neq g(x)$,则 $\int_a^b f(x)\mathrm{d}x \neq \int_a^b g(x)\mathrm{d}x$. （　　）

6. $\int_a^a f(x)\mathrm{d}x = 0$. （　　）

7. $\int_1^2 f(x)\mathrm{d}x = -\int_2^1 f(x)\mathrm{d}x$. （　　）

8. $\int_0^1 x^2\mathrm{d}x \leqslant \int_0^1 x^3\mathrm{d}x$. （　　）

9. 若 $f(x)$ 是 $[-a, a]$ 上的奇函数，则 $\displaystyle\int_{-a}^{a} f(x)\mathrm{d}x = 2\int_{-a}^{0} f(x)\mathrm{d}x.$ （　　）

10. 若 $f(x)$ 在 $[a, b]$ 上连续，且 $\displaystyle\int_{a}^{b} f(x)\mathrm{d}x = 0$，则 $\displaystyle\int_{a}^{b} [f(x) - 3]\mathrm{d}x = -3.$ （　　）

二、选择题（每小题 2 分，共 10 分）

1. 已知 $\displaystyle\int_{0}^{a} (2x + 6)\mathrm{d}x = 7$，则 $a =$ （　　）

A. -1 　　　　 B. 4 　　　　 C. 1 　　　　 D. 2

2. 定积分 $\displaystyle\int_{0}^{1} x^3\mathrm{d}x =$ （　　）

A. 0 　　　　 B. $\dfrac{1}{4}$ 　　　　 C. $\dfrac{1}{2}$ 　　　　 D. 1

3. $\displaystyle\int_{-2}^{1} |x|\,\mathrm{d}x =$ （　　）

A. -1 　　　　 B. 2 　　　　 C. 3 　　　　 D. 2.5

*4. $\displaystyle\lim_{x \to 0} \frac{\displaystyle\int_{0}^{x} \sin t^2\,\mathrm{d}t}{x^3} =$ （　　）

A. 0 　　　　 B. 1 　　　　 C. $\dfrac{1}{3}$ 　　　　 D. ∞

5. 下列积分中，值为零的是 （　　）

A. $\displaystyle\int_{-1}^{1} x^2\mathrm{d}x$ 　　　 B. $\displaystyle\int_{-1}^{2} x^3\mathrm{d}x$ 　　　 C. $\displaystyle\int_{-1}^{1} \mathrm{d}x$ 　　　 D. $\displaystyle\int_{-1}^{1} x^2 \sin x\mathrm{d}x$

三、填空题（每小题 2 分，共 20 分）

1. $\displaystyle\int_{-2}^{4} |x - 2|\,\mathrm{d}x =$ _____.

2. $\displaystyle\int_{-3}^{3} x^2 \sin^5 x\mathrm{d}x =$ _____.

3. $\displaystyle\int_{1}^{\sqrt{3}} \frac{1}{1 + x^2}\mathrm{d}x =$ _____.

*4. $\dfrac{\mathrm{d}}{\mathrm{d}x}\displaystyle\int_{2}^{x^2} f(t)\mathrm{d}t =$ _____.

5. $\displaystyle\int_{0}^{1} (2x + 3)\mathrm{d}x =$ _____.

6. $\displaystyle\int_{-\frac{\pi}{2}}^{\frac{\pi}{2}} \frac{\sin^3 x}{1 + \cos x}\mathrm{d}x =$ _____.

7. $\displaystyle\int_{0}^{\pi} \cos x\mathrm{d}x =$ _____.

8. $\displaystyle\int_{-1}^{1} (x^2 \sin x + x^3)\mathrm{d}x =$ _____.

9. $\displaystyle\int_{0}^{1} x\mathrm{e}^{-x}\mathrm{d}x =$ _____.

10. 由曲线 $\lim\limits_{x \to +\infty} \dfrac{\sin x}{x} = 0$ 与直线 $x = 2$、$x = 3$ 及 x 轴所围成的曲边梯形的面积用定积分表示为 _____.

四、计算与解答题(共 50 分)

1. 求下列定积分(每小题 4 分,共 20 分):

(1) $\displaystyle\int_{1}^{2} x^4 \, \mathrm{d}x$;

(2) $\displaystyle\int_{1}^{2} \left(x^3 + \dfrac{1}{x^2} \right) \mathrm{d}x$;

(3) $\displaystyle\int_{1}^{4} \sqrt{x}(1 + \sqrt{x}) \, \mathrm{d}x$;

(4) $\displaystyle\int_{2}^{3} \dfrac{\mathrm{d}x}{1+x}$.

2. 求下列定积分(每小题 4 分,共 20 分):

(1) $\displaystyle\int_{4}^{9} \sqrt{x}(2 + \sqrt{x}) \, \mathrm{d}x$;

(2) $\displaystyle\int_{3}^{4} (x-3)^{2016} \, \mathrm{d}x$;

(3) $\displaystyle\int_{0}^{2\pi} |\cos x| \, \mathrm{d}x$;

(4) $\displaystyle\int_{0}^{3} \dfrac{4x}{1 + \sqrt{x+1}} \, \mathrm{d}x$.

3. 求由曲线 $y = x^2$ 与直线 $y = 2x$ 所围成的平面图形的面积(5 分).

4. 求由直线 $y = x$、$y = 4x$ 及 $x = 4$ 所围成的平面图形的面积(5 分).

综合自测题（一）

一、判断题（对的打"√"，错的打"×"，每小题 2 分，共 20 分）

1. $\lim\limits_{x \to +\infty} \dfrac{\sin x}{x} = 0$. （　　）

2. $\lim\limits_{x \to +\infty} 2^x \sin \dfrac{1}{2^x} = 1$. （　　）

3. $\lim\limits_{x \to 1} \dfrac{|x-1|}{x-1} = 0$. （　　）

4. 当 $|x|$ 很小时，有 $\mathrm{e}^x \approx 1 + x$. （　　）

5. 利用洛必达法则求极限 $\lim\limits_{x \to 0} \dfrac{\mathrm{e}^x - 1}{x} = \lim\limits_{x \to 0} \dfrac{\mathrm{e}^x}{1} = \lim\limits_{x \to 0} \dfrac{\mathrm{e}^x}{0} = \infty$. （　　）

6. $\sin x > 1 - \dfrac{x^2}{2}, x \neq 0$. （　　）

7. 分部积分公式为 $\int u \mathrm{d}v = uv + \int v \mathrm{d}u$. （　　）

8. 若 $F'(x) = f(x)$，则 $\int f(x) \mathrm{d}x = F(x) + C$（$C$ 为任意常数）. （　　）

9. 若 $f'(x_0) = 0$，则点 $(x_0, f(x_0))$ 一定是曲线 $y = f(x)$ 的拐点. （　　）

10. 可导函数的极值点必是驻点，但驻点不一定是极值点. （　　）

二、单选题（每小题 2 分，共 10 分）

1. 若 $f(x) = ax^3$ 且 $f'(x) = 12x^2$，则 $a =$ （　　）

A. 4 　　　　　　B. 3 　　　　　　C. 2 　　　　　　D. 1

2. $\displaystyle\int_{-2}^{1} |x+1| \mathrm{d}x =$ （　　）

A. -1 　　　　　B. 2 　　　　　　C. 3 　　　　　　D. 2.5

3. 若不定积分 $\int f(x) \mathrm{d}x$ 存在，则其结果是 （　　）

A. $f(x)$ 的一个原函数　　　　　　B. $f(x)$ 的全体原函数

C. 一个确定的常数　　　　　　　　D. 曲边梯形的面积

4. $y = |x - 2016|$ 在 $x = 2016$ 处 （　　）

A. 连续　　　　　　　　　　　　　B. 不连续

C. 可导　　　　　　　　　　　　　D. 可微

5. 若 $y = x^2 + x$,则函数在区间 $[-1,1]$ 上的最大值为 （   ）

A. 0   B. $-\dfrac{1}{4}$ C. $\dfrac{1}{2}$ D. 2

三、填空题(每小题 2 分,共 20 分)

1. 函数 $y = x^2 - x$,则 $\mathrm{d}y =$ _____.

2. 若 $f(x)$ 在区间 $[-a,a]$ 上连续且为奇函数,则有 $\displaystyle\int_{-a}^{a} f(x)\mathrm{d}x =$ _____.

3. 若 $F(x)$ 是 $f(x)$ 的一个原函数,则 $\displaystyle\int 3x^2 f(x^3)\mathrm{d}x =$ _____.

4. 由曲线 $y = x^2 + 4$ 与直线 $x = 2$、$x = 5$ 及 x 轴所围成的曲边梯形的面积用定积分表示为 _____.

5. 已知 $f(x) = \sin x + \cos x$,则 $f''(x) =$ _____.

6. 极限 $\displaystyle\lim_{x \to 0} \dfrac{\sin 6x}{\sin 5x} =$ _____.

7. 曲线 $y = \mathrm{e}^x - x$ 在点 $(0,1)$ 处的切线方程是 _____.

8. 若 $\displaystyle\int f(x)\mathrm{d}x = \sin 2x + C$,$C$ 为常数,则 $f(x) =$ _____.

9. 设 $f'(x_0) = 4$,则 $\displaystyle\lim_{\Delta x \to 0} \dfrac{f(x_0 - 4\Delta x) - f(x_0)}{\Delta x} =$ _____.

10. 参数方程 $\begin{cases} x = \cos t \\ y = 5t^3 \end{cases}$ 所确定的函数的导数 $\dfrac{\mathrm{d}y}{\mathrm{d}x} =$ _____.

四、计算与解答题(每小题 10 分,共 50 分)

1. 求下列函数的极限(每小题 5 分,共 10 分):

(1) $\displaystyle\lim_{x \to 0} \dfrac{\sqrt{9+x} - 3}{\sin 3x}$;   (2) $\displaystyle\lim_{x \to \infty} \dfrac{4x^3 + 2x^2 - 1}{5x^3 - 4x^2 + 3}$.

2. 求下列函数的导数(每小题 5 分,共 10 分):

(1) $y = (4x^3 + 3)^{2016}$;   (2) $y = \ln(5x + \sqrt{4 - x^2})$.

3. 求下列函数的不定积分(每小题 5 分,共 10 分):

(1) $\displaystyle\int \dfrac{2x}{\sqrt{1 - x^4}}\mathrm{d}x$;   (2) $\displaystyle\int x\ln x\,\mathrm{d}x$.

4. 求下列函数的定积分(每小题 5 分,共 10 分):

(1) $\displaystyle\int_{-1}^{1} \dfrac{6x}{\sqrt{5 + 4x}}\mathrm{d}x$;   (2) $\displaystyle\int_{4}^{5} (x - 5)^{2015}\mathrm{d}x$.

5. 求函数 $f(x) = 3x^2 - x^3$ 的单调区间和极值,并判断其是极大值还是极小值(10 分).

综合自测题(二)

一、判断题(对的打"√",错的打"×",每小题 2 分,共 20 分)

1. $\lim\limits_{x \to 0}\left(1 + \dfrac{1}{x}\right)^x = \mathrm{e}$. ( )

2. 函数 $y = \arcsin u$ 和 $u = 8 + x^2$ 可以复合成一个函数 $y = \arcsin(8 + x^2)$. ( )

3. 无穷小的代数和仍是无穷小. ( )

4. $(\arcsin x)' = \dfrac{1}{1 + x^2}$. ( )

5. 若函数 $y = x^3 + \ln 6$,则 $y' = 3x^2 + \dfrac{1}{6}$. ( )

6. $\displaystyle\int \cos x \, \mathrm{d}x = \sin x + C$. ( )

7. 若 $f(x)$ 在 $[a, b]$ 上连续,且 $\displaystyle\int_a^b f(x)\mathrm{d}x = 0$,则 $\displaystyle\int_a^b [f(x) - 10]\mathrm{d}x = -10$. ( )

8. 函数的极值点一定是驻点. ( )

9. 函数 $y = 2016 - 4x^2$ 在区间 $(0, +\infty)$ 上单调递减. ( )

10. $\displaystyle\int \mathrm{d}f(x) = f(x) + C$. ( )

二、选择题(每小题 2 分,共 10 分)

1. 极限 $\lim\limits_{x \to 1}(4x - 3) =$ ( )

A. 1   B. 2   C. 3   D. 4

2. 不定积分 $\displaystyle\int \sin 6x \, \mathrm{d}x =$ ( )

A. $\cos 6x + C$ B. $-\cos 6x + C$

C. $\dfrac{1}{6}\cos 6x + C$ D. $-\dfrac{1}{6}\cos 6x + C$

3. 当 $x \to 0$ 时,$5x^2 \sin\dfrac{1}{x}$ 是 ( )

A. 有界函数   B. 无界函数
C. 无穷大量   D. 无穷小量

4. 函数 $y = |x - 3|$ 在 $x = 3$ 处 ( )

A. 连续   B. 间断   C. 可导   D. 可微

5. 定积分 $\int_0^1 x^3 \mathrm{d}x =$ （ ）

A. 1   B. $\dfrac{1}{2}$ C. $\dfrac{1}{4}$ D. 0

三、填空题（每小题 2 分，共 20 分）

1. 函数 $y = \ln(x-2)$ 的定义域为 _____.

2. 函数 $y = \sec 4x$ 可由函数 $y = \sec u$ 和 _____ 复合得到.

3. 若函数 $f(x) = \dfrac{5x}{1+x}$，则 $f(1+x) =$ _____.

4. 若函数 $f(x) = \mathrm{e}^x - 3\cos x$，则 $f''(x) =$ _____.

5. 若函数 $y = x^2 - 3x + 5$，则 $\mathrm{d}y =$ _____.

6. 若函数 $f(x)$ 在点 x_0 处连续，且 $\lim\limits_{x \to x_0} f(x) = -\dfrac{1}{3}$，则 $f(x_0) =$ _____.

7. 若 $F(x)$ 是 $f(x)$ 的一个原函数，则 $\int 6x^5 f(x^6)\mathrm{d}x =$ _____.

8. 函数 $y = x^3 + 2$ 在 $x = 1$ 处的切线方程为 _____.

9. 函数 $y = x^2 - 2x$ 在区间 $[0,2]$ 上的最大值为 _____.

10. $\int_2^2 \dfrac{1}{x}\mathrm{d}x =$ _____.

四、计算与解答题（每小题 10 分，共 50 分）

1. 求下列函数的极限（每小题 5 分，共 10 分）：

(1) $\lim\limits_{x \to 0} \dfrac{\sin 4x}{5x}$；   (2) $\lim\limits_{x \to \infty} \dfrac{x^2 + 5x - 3}{4x^2 - 3x}$.

2. 求下列函数的导数（每小题 5 分，共 10 分）：

(1) $y = (2x-3)^{2016}$；   (2) $y = x^4 \ln x$.

3. 求下列函数的不定积分（每小题 5 分，共 10 分）：

(1) $\int \mathrm{e}^{4x}\mathrm{d}x$；   (2) $\int x\cos x\mathrm{d}x$.

4. 求下列函数的定积分（每小题 5 分，共 10 分）：

(1) $\int_0^1 (3x - 4x^2)\mathrm{d}x$；   (2) $\int_1^4 \dfrac{1}{x + \sqrt{x}}\mathrm{d}x$.

5. 求函数 $f(x) = x^3 - 3x + 20$ 的单调区间和极值（10 分）.

习题参考答案

习题 1-1

1. (1) $[-4,4]$；　(2) $(2,+\infty)$；　(3) $(0,5]$；　(4) $\left[0,\dfrac{1}{2}\right]$.

2. 略.

3. (1) 奇函数；　(2) 偶函数.

4. (1) $y=u^2,u=\cos x$；　(2) $y=\lg u,u=\cos v,v=4x-3$；　(3) $y=u^2,u=\cos v,v=\ln w$, $w=x^2-2x+1$.

5. $f[g(x)]=\left(\dfrac{2+x}{1+x}\right)^2,g[f(x)]=\dfrac{1}{x^2-2x+2}$.

习题 1-2

1. (1) 0；　(2) 0；　(3) 1；　(4) 不存在.

2. 不存在.

3. $\lim\limits_{x\to 0^-}f(x)=0,\lim\limits_{x\to 0^+}f(x)=1,\lim\limits_{x\to 0}f(x)$ 不存在.

4. $\lim\limits_{x\to 0^-}f(x)=-\dfrac{2}{3},\lim\limits_{x\to 0^+}f(x)=0,\lim\limits_{x\to 0}f(x)$ 不存在.

习题 1-3

(1) 17；　(2) $\dfrac{2}{3}$；　(3) 0；　(4) $\dfrac{1}{6}$；　(5) 16；　(6) 8；　(7) e^3；　(8) e^{-2}.

习题 1-4

1. (1) $x\to\infty$；　(2) $x\to-1$；　(3) $x\to 1$；　(4) $x\to-\infty$.

2. (1) $x\to-1$；　(2) $x\to\infty$；　(3) $x\to 0^+$ 和 $x\to+\infty$；　(4) $x\to+\infty$.

3. (1) $-\infty$；　(2) 0；　(3) $\dfrac{3}{2}$；　(4) $\dfrac{5}{2}$；　(5) $\dfrac{1}{2}$；　(6) $\dfrac{5}{2}$.

4. 因为 $\lim\limits_{x\to 0}x^2=0,\lim\limits_{x\to 0}(x^2-3x^3)=0$,且 $\lim\limits_{x\to 0}\dfrac{x^2-3x^3}{x^2}=\lim\limits_{x\to 0}(1-3x)=1$,所以当 $x\to 0$ 时, $x^2-3x^3\sim x^2$.

习题 1-5

1. 连续.

2. 间断且为第一类间断.

3. $a = 2$.

4. 间断点为 $x = 1$ 和 $x = 2$,其中 $x = 1$ 为第一类间断点,$x = 2$ 为第二类间断点.

5. 4.

6. 略.

第 1 章自测题

一、1. ×; **2.** √; **3.** √; **4.** ×; **5.** ×; **6.** √; **7.** ×; **8.** √; **9.** √; **10.** ×.

二、1. C; **2.** C; **3.** B; **4.** A; **5.** D.

三、1. $(4, +\infty)$; **2.** 1; **3.** $\dfrac{1-2x}{1-x}$; **4.** 10; **5.** 0; **6.** e^4; **7.** $y = \lg(4x-3)$; **8.** 0; **9.** 不存在; **10.** -2.

四、1. (1) 5; (2) 4; (3) 4; (4) e^{-6}; (5) $\dfrac{5}{2}$; (6) $\dfrac{1}{8}$. **2.** $a = 0$. **3.** 连续. **4.** 略.

习题 2-1

1. $f'(-1) = -8$.

2. $f'(x) = \dfrac{1}{2\sqrt{x}}, f'(2) = \dfrac{1}{2\sqrt{2}}$.

3. 切线方程:$y = -\dfrac{\sqrt{3}}{2}x + \dfrac{\sqrt{3}\pi + 3}{6}$;法线方程:$y = -\dfrac{2\sqrt{3}}{3}x + \dfrac{4\sqrt{3}\pi + 9}{18}$.

4. 切线方程:$y = \dfrac{1}{e}x$;法线方程:$y = -ex + e^2 + 1$.

5. $f'_+(0) = 0, f'_-(0) = -1, f'(0)$ 不存在.

习题 2-2

1. $y' = 12x^2 - 5^x \ln 5 + 6e^x$.

2. $y' = -\dfrac{12}{x^4} - \dfrac{5}{x^2}$.

3. $y' = 3x^2 \arctan x + \dfrac{x^3}{1+x^2}$.

4. $y' = 2e^x \cos x - 2e^x \sin x$.

5. $y' = \dfrac{1 - 2\ln x}{x^3}$.

6. $y' = 4x^3 \ln x \sin x + x^3 \sin x + x^4 \ln x \cos x$.

习题 2-3

1. (1) $y' = 8(2x+3)^3$; (2) $y' = -3\cos(4-3x)$; (3) $y' = -6xe^{-3x^2}$; (4) $y' = \dfrac{4x^3}{2+x^4}$; (5) $y' =$

$-4\cos^3 x\sin x$； (6) $y'=-\dfrac{x}{\sqrt{a^2-x^2}}$； (7) $y'=12\,(\arctan 4x)^2\,\dfrac{1}{\sqrt{1-14x^2}}$； (8) $y'=4\cot 4x$.

2. (1) $y''=6x-2\mathrm{e}^x$； (2) $y''=-\cos x+\sin x$.

3. $y'''=60\,(x+3)^2$，$y'''\Big|_{x=1}=960$.

习题 2-4

1. (1) $y'=\dfrac{2y^2-3}{2y-4xy}$； (2) $y'=\dfrac{y\mathrm{e}^{xy}-12x^2y^2}{8xy^3-x\mathrm{e}^{xy}}$.

2. $\dfrac{\mathrm{d}y}{\mathrm{d}x}=(x-1)\sqrt[3]{\dfrac{(3x+2)^2}{x-3}}\left[\dfrac{1}{x-1}+\dfrac{2}{3x+2}-\dfrac{1}{3(x-3)}\right]$.

3. $\dfrac{\mathrm{d}y}{\mathrm{d}x}=\left(\dfrac{x}{1+x}\right)^x\left[\ln\dfrac{x}{1+x}+1-\dfrac{x}{1+x}\right]$.

4. $\dfrac{\mathrm{d}y}{\mathrm{d}x}\Big|_{t=0}=\dfrac{3}{2}$.

习题 2-5

1. (1) $\mathrm{d}y=(3x^2-4\cos 4x)\mathrm{d}x$； (2) $\mathrm{d}y=\mathrm{e}^x(\cos x-\sin x)\mathrm{d}x$； (3) $\mathrm{d}y=\dfrac{x}{\sqrt{1+x^2}}\mathrm{d}x$；

(4) $\mathrm{d}y=\dfrac{1}{2\sqrt{x}(1+x)}\mathrm{d}x$.

2. (1) $\ln x$； (2) $\ln(1+\mathrm{e}^x)$； (3) $\dfrac{1}{4}x^4-2x^2+5x$； (4) $-\dfrac{1}{2}\cos 2x$.

3. (1) 0.515； (2) 1.01.

第 2 章自测题

一、**1.** ×； **2.** √； **3.** ×； **4.** ×； **5.** ×； **6.** ×； **7.** ×； **8.** ×； **9.** √； **10.** √.

二、**1.** B； **2.** D； **3.** D； **4.** C； **5.** D.

三、**1.** $\dfrac{1}{1+x^2}$； **2.** $\dfrac{1}{2016}$； **3.** -5； **4.** 2； **5.** $y=3x-3$； **6.** $-\dfrac{1}{4}$； **7.** $-\dfrac{1}{2}\cot t$； **8.** $\dfrac{\mathrm{e}^y}{1-x\mathrm{e}^y}$；

9. $-\cos x-\sin x$； **10.** $\mathrm{e}^x\mathrm{d}x$.

四、**1.** (1) $y'=4\mathrm{e}^x-3\sin x$； (2) $y'=6x^5\sin x+x^6\cos x$； (3) $y'=\dfrac{-2}{(x-1)^2}$；

(4) $y'=3(4x-5)(2x^2-5x-3)^2$； (5) $y'=-4\sin(4x+1)$；

(6) $y'=\dfrac{1}{4x-\sqrt{1+x^2}}\left[4-\dfrac{x}{\sqrt{1+x^2}}\right]$.

2. 0.81. **3.** $\dfrac{\mathrm{d}y}{\mathrm{d}x}=\dfrac{5x^4y}{12y^4-2}$. **4.** $\mathrm{d}y=(5x^4-14x+3)\mathrm{d}x$，$y''=20x^3-14$.

习题 3-1

1. (1) $\dfrac{1}{3}$； (2) -1； (3) 0； (4) $\dfrac{1}{5}$； (5) $-\dfrac{1}{2}$； (6) 0； (7) e； (8) 1.

2. 因为 $\lim\limits_{x\to\infty}\dfrac{x-\sin x}{x+\sin x}=\lim\limits_{x\to\infty}\dfrac{1-\dfrac{\sin x}{x}}{1+\dfrac{\sin x}{x}}=1$，所以极限存在.

又因为 $\lim\limits_{x\to\infty}\dfrac{(x-\sin x)'}{(x+\sin x)'}=\lim\limits_{x\to\infty}\dfrac{1-\cos x}{1+\cos x}$ 不存在，所以不能用洛必达法则得出.

习题 3-2

1. $(-\infty,+\infty)$ 上单调递减.

2. $[0,2\pi]$ 上单调递增.

3. (1) $(-\infty,2)$ 上单调递减，$(2,+\infty)$ 上单调递增； (2) $\left(0,\dfrac{\sqrt{6}}{6}\right)$ 上单调递减，$\left(\dfrac{\sqrt{6}}{6},+\infty\right)$ 上单调递增.

4. 略.

习题 3-3

1. 极大值为 0，极小值为 $-\dfrac{1}{4}$.

2. 极小值为 $f(0)=0$.

3. 最大值为 $f(-1)=10$，最小值为 $f(3)=-22$.

4. 极大值为 0，极小值为 -4.

5. 当截取的小方块的边长等于 $\dfrac{a}{6}$ 时，方盒子的容量最大.

习题 3-4

1. 函数 $f(x)$ 在区间 $\left(-\infty,-\dfrac{2\sqrt{3}}{3}\right)$ 与 $\left(\dfrac{2\sqrt{3}}{3},+\infty\right)$ 内是凸的；在区间 $\left(-\dfrac{2\sqrt{3}}{3},\dfrac{2\sqrt{3}}{3}\right)$ 内是凹的，拐点为 $\left(-\dfrac{2\sqrt{3}}{3},-\dfrac{10}{9}\right)$ 和 $\left(-\dfrac{2\sqrt{3}}{3},-\dfrac{10}{9}\right)$.

2. 函数 $f(x)$ 在区间 $(-\infty,4)$ 内是凹的，在区间 $(4,+\infty)$ 内是凸的，拐点为 $(4,2)$.

3. 函数 $f(x)$ 在区间 $(-\infty,0)$ 与 $(2,+\infty)$ 内是凹的，在区间 $(0,2)$ 内是凸的，拐点为 $(0,-5)$ 与 $(2,-17)$.

4. 函数 $f(x)$ 在区间 $(-\infty,0)$ 与 $\left(\dfrac{2}{3},+\infty\right)$ 内是凹的，在区间 $\left(0,\dfrac{2}{3}\right)$ 内是凸的，拐点为 $(0,1)$ 与 $\left(\dfrac{2}{3},\dfrac{11}{27}\right)$.

5. 略.

第 3 章自测题

一、**1.** ×； **2.** ×； **3.** ×； **4.** ×； **5.** √； **6.** ×； **7.** ×； **8.** ×； **9.** ×； **10.** ×.

二、**1.** B； **2.** D； **3.** D； **4.** D； **5.** C.

三、**1.** 5； **2.** $\dfrac{1}{4}$； **3.** 2； **4.** $\sqrt{7}$； **5.** $x=\pi$； **6.** 增加； **7.** -4； **8.** $0,-1$； **9.** $(-\infty,+\infty)$；

10. $(-1,2)$.

四、1. (1) $-\dfrac{1}{2}$; (2) $\dfrac{1}{4}$. **2.** 单调增区间为 $(-\infty,-2)$ 和 $(2,+\infty)$,单调减区间为 $(-2,2)$;极大值为 $f(-2)=17$,极小值为 $f(2)=-15$. **3.** 最大值为 142,最小值为 7. **4.** $\sqrt{\dfrac{8S}{\pi+4}}$. **5.** 提示:设 $f(x)=2\sqrt{x}-3+\dfrac{1}{x}, x\in[1,+\infty)$.

习题 4-1

1. (1) $\dfrac{1}{2}x^2+C$; (2) $\dfrac{3^x}{\ln 3}+C$; (3) $\dfrac{2}{7}x^{\frac{7}{2}}+C$; (4) $-\dfrac{1}{2x^2}+C$; (5) $\dfrac{3}{4}x^4+2x^2+5x+C$;

(6) $2\sqrt{x}+C$; (7) $-\cos x+\sin x+C$; (8) $2\arctan x-3\arcsin x+C$; (9) $x-2\arctan x+C$;

(10) $2\arcsin x-x+C$.

2. $y=x^3+2$.

习题 4-2

(1) $-\dfrac{1}{3}\cos 3x+C$; (2) $\dfrac{1}{3}\sin 3x+C$; (3) $\dfrac{1}{4}e^{4x}+C$; (4) $-\dfrac{1}{2}e^{-2x}+C$; (5) $\dfrac{1}{3}(x+1)^3+C$;

(6) $\dfrac{1}{5}(x+3)^5+C$; (7) $\arcsin\dfrac{x}{2}+C$; (8) $\dfrac{1}{3}\arctan\dfrac{x}{3}+C$; (9) $\dfrac{1}{5}\ln^5 x+C$; (10) $e^{\sin x}+C$.

习题 4-3

(1) $-2\cos\sqrt{x}+C$; (2) $2\sqrt{x-4}-4\arctan\dfrac{\sqrt{x-4}}{2}+C$; (3) $-\dfrac{\sqrt{1-x^2}}{x}-\arcsin x+C$;

(4) $\ln\left|\dfrac{\sqrt{1+x^2}-1}{x}\right|+C$; (5) $\dfrac{2}{5}(x-3)^{\frac{5}{2}}+2(x-3)^{\frac{3}{2}}+C$; (6) $2\sqrt{x}-2\arctan\sqrt{x}+C$;

(7) $\dfrac{x}{2}\sqrt{1-x^2}+\dfrac{1}{2}\arcsin x+C$; (8) $\dfrac{3}{4}(2x+1)^{\frac{2}{3}}-\dfrac{3}{2}(2x+1)^{\frac{1}{3}}+\dfrac{3}{2}\ln|1+\sqrt[3]{2x+1}|+C$.

习题 4-4

(1) $-x\cos x+\sin x+C$; (2) $-xe^{-x}-e^{-x}+C$; (3) $\dfrac{1}{3}x\sin 3x+\dfrac{1}{9}\cos 3x+C$; (4) $\dfrac{1}{3}x^3\ln x-\dfrac{1}{9}x^3+C$; (5) $\dfrac{1}{2}x^2e^{2x}-\dfrac{1}{2}xe^{2x}+\dfrac{1}{4}e^{2x}+C$; (6) $x\arctan x-\dfrac{1}{2}\ln(1+x^2)+C$; (7) $2\sqrt{x}e^{\sqrt{x}}-2e^{\sqrt{x}}+C$;

(8) $-\dfrac{e^{-x}}{5}(\sin 2x+2\cos 2x)+C$.

第 4 章自测题

一、1. √; **2.** √; **3.** ×; **4.** √; **5.** √; **6.** ×; **7.** ×; **8.** √; **9.** √; **10.** √.

二、1. B; **2.** C; **3.** C; **4.** D; **5.** C.

三、1. 1; **2.** $-\cos x+3x$; **3.** $\dfrac{1}{9}e^{9x}+C$; **4.** $F(x^8)+C$; **5.** $\ln x+1$; **6.** $\dfrac{1}{2}\sin 2x+C$;

7. $4\cos 4x$; **8.** $\ln(x^2+1)$; **9.** $y=x^4-1$; **10.** $-\dfrac{1}{2}x^2+2x+3$.

四、1. (1) $\dfrac{1}{4}x^4+\cos x+C$; (2) $\ln(x^2+1)+C$; (3) $-\dfrac{1}{3}\cos 3x+C$; (4) $x\sin x+\cos x+C$.

2. (1) $-2\sqrt{1-x^2}-\arcsin x+C$; (2) $\dfrac{1}{3}\ln\left(\dfrac{x-2}{x+1}\right)+C$; (3) $x+\ln|5\cos x+2\sin x|+C$;

(4) $e^{x^2}+C$; (5) $\ln[\ln(\ln x)]+C$; (6) $\dfrac{1}{2}\arcsin x+\dfrac{1}{2}\ln(\sqrt{1-x^2}+x)+C$.

习题 5-1

1. $\dfrac{\pi}{2}$.

2. $\dfrac{\pi}{2}\leqslant\displaystyle\int_{\frac{\pi}{4}}^{\frac{3\pi}{4}}(1+\cos^2 x)\mathrm{d}x\leqslant\dfrac{3}{4}\pi$.

3. $9\leqslant\displaystyle\int_{1}^{4}(x^2+2)\mathrm{d}x\leqslant 54$.

4. 略.

5. 略.

习题 5-2

1. x^3-4x+2.

2. $2x\cos x^2$.

3. $\dfrac{1}{2}$.

4. (1) 5; (2) 4; (3) $e-1$.

5. $-\dfrac{7}{6}$.

6. 1

习题 5-3

1. $2\ln 4-2\ln 3$.

2. $\dfrac{16}{3}$.

3. $\dfrac{9}{4}\pi$.

3. 0.

4. $1-\dfrac{2}{e}$.

5. $\sin 1+\cos 1-1$.

习题 5-4

1. $\dfrac{1}{6}$.

2. 2.

3. $\dfrac{16}{15}\pi$.

4. 8π.

5. $\dfrac{1}{2}(e^2 - 1)$.

第5章自测题

一、1. ×；　2. ×；　3. ×；　4. √；　5. ×；　6. √；　7. √；　8. ×；　9. ×；　10. ×.

二、1. C；　2. B；　3. D；　4. D；　5. D.

三、1. 10；　2. 0；　3. $\dfrac{\pi}{12}$；　4. $2xf(x^2)$；　5. 4；　6. 0；　7. 0；　8. 0；　9. $1-\dfrac{2}{e}$；　10. $\displaystyle\int_2^3 x^3\,dx$.

四、1. (1) $\dfrac{31}{5}$；　(2) $4\dfrac{1}{4}$；　(3) $\dfrac{17}{6}$；　(4) $\ln 4 - \ln 3$.　2. (1) $\dfrac{347}{6}$；　(2) $\dfrac{1}{2017}$；　(3) 4；　(4) $\dfrac{28}{3}$.

3. $\dfrac{4}{3}$.　4. 24.

综合自测题（一）

一、1. √；　2. √；　3. ×；　4. √；　5. ×；　6. ×；　7. ×；　8. √；　9. ×；　10. √.

二、1. A；　2. D；　3. B；　4. A；　5. D.

三、1. $(2x-1)dx$；　2. 0；　3. $F(x^3)+C$；　4. $\displaystyle\int_2^5 (x^2+4)dx$；　5. $-\sin x - \cos x$；　6. 1.2；　7. $y=1$；

8. $2\cos 2x$；　9. -16；　10. $-\dfrac{15t^2}{\sin t}$.

四、1. (1) $\dfrac{1}{18}$；　(2) $\dfrac{4}{5}$.　2. (1) $24192x^2(4x^2+3)^{2015}$；　(2) $\dfrac{1}{5x+\sqrt{4-x^2}}\left(5-\dfrac{x}{\sqrt{4-x^2}}\right)$.

3. (1) $\arcsin x^2 + C$；　(2) $\dfrac{x^2}{2}\ln x - \dfrac{1}{4}x^2 + C$.　4. (1) -1；　(2) $-\dfrac{1}{2016}$.　5. 单调增减区间为

$(0,2)$,单调递减区间为$(-\infty,0)$、$(2,+\infty)$、$(1,3)$,极大值为 $f(2)=4$,极小值为 $f(0)=0$.

综合自测题（二）

一、1. ×；　2. ×；　3. ×；　4. ×；　5. ×；　6. √；　7. ×；　8. ×；　9. √；　10. √.

二、1. A；　2. D；　3. D；　4. A；　5. C.

三、1. $(2,+\infty)$；　2. $u=4x$；　3. $\dfrac{5(1+x)}{2+x}$；　4. $e^x + 3\cos x$；　5. $(2x-3)dx$；　6. $-\dfrac{1}{3}$；

7. $F(x^6)+C$；　8. $y=3x$；　9. 0；　10. 0.

四、1. (1) $\dfrac{4}{5}$；　(2) $\dfrac{1}{4}$.　2. (1) $4032(2x-3)^{2015}$；　(2) $4x^3\ln x + x^3$.　3. (1) $\dfrac{1}{4}e^{4x}+C$；　(2) $x\sin x$

$+\cos x + C$.　4. (1) $\dfrac{1}{6}$；　(2) $2\ln 3 - 2\ln 2$.　5. 单调递增区间为$(-\infty,1)$ 和$(1,+\infty)$,单调递减区

间为$(-1,1)$,极大值为 $f(1)=18$,极小值为 $f(1)=18$.

参考文献

[1] 同济大学应用数学系.高等数学:上册[M].5版.北京:高等教育出版社,2002.

[2] 崔西玲.经管类高等数学[M].北京:高等教育出版社,2006.

[3] 龚成通.大学数学应用题精讲[M].上海:华东理工大学出版社,2006.

[4] 胡农.高等数学:上册[M].北京:高等教育出版社,2006.

[5] 邢春峰,李平.应用数学基础[M].北京:高等教育出版社,2008.

[6] 冯翠莲,赵益坤.应用经济数学[M].北京:高等教育出版社,2008.

[7] 李亚杰.简明微积分[M].2版.北京:高等教育出版社,2009.

[8] 沈跃云,马怀远.应用高等数学[M].北京:高等教育出版社,2010.

[9] 李凤香.新编经济应用数学[M].6版.大连:大连理工大学出版社,2014.

[10] 刘严.新编高等数学:理工类[M].7版.大连:大连理工大学出版社,2014.

[11] 王桂云.应用高等数学:上册[M].杭州:浙江大学出版社,2015.

[12] 陈君.高等数学应用基础[M].杭州:浙江大学出版社,2015.

互联网+教育+出版

立方书

教育信息化趋势下，课堂教学的创新催生教材的创新，互联网+教育的融合创新，教材呈现全新的表现形式——教材即课堂。

 轻松备课　 分享资源　 发送通知　 作业评测　 互动讨论

"一本书"带走"一个课堂"　教学改革从"扫一扫"开始

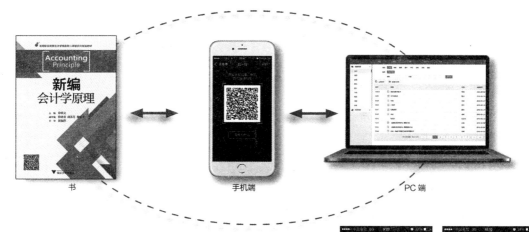

书　　　　　　手机端　　　　　　PC 端

打造中国大学课堂新模式

【创新的教学体验】

开课教师可免费申请"立方书"开课，利用本书配套的资源及自己上传的资源进行教学。

【方便的班级管理】

教师可以轻松创建、管理自己的课堂，后台控制简便，可视化操作，一体化管理。

【完善的教学功能】

课程模块、资源内容随心排列，备课、开课，管理学生、发送通知、分享资源、布置和批改作业、组织讨论答疑、开展教学互动。

扫一扫 下载APP

教师开课流程

➡ 在APP内扫描封面二维码，申请资源
➡ 开通教师权限，登录网站
➡ 创建课堂，生成课堂二维码
➡ 学生扫码加入课堂，轻松上课

网站地址：www.lifangshu.com
技术支持：lifangshu2015@126.com；电话：0571-88273329